석회석광산의 생태적 복원

백두대간에 인접한 광산의 생태복원을 시작하는 20년간의 기록

김경훈, 김학성, 조인환, 조준호

NEXUS 넥서스환경디자인연구원 출판부

석회석광산의 생태적 복원

백두대간에 인접한 광산의 생태복원을 시작하는 20년간의 기록

김경훈, 김학성, 조인환, 조준호

머리말

'석회석광산과 같은 대규모 훼손지를 어떻게 복원할 것인가?', '과연 이곳에서 생태적 복원은 가능할 것인가?'라는 질문에서 이 책이 시작되었다.

우리나라 석회석광산의 개발은 대부분 산지에서 대규모의 형태로 이루어지며, 주로 계단식 채굴법으로 시행되고 있다. 또한 개발이 종료된 이후 시점에서 복원공사가 진행되기 때문에 장기간 훼손된 곳이 그대로 노출된다는 문제점을 안고 있다. 광산 개발은 지형의 변형과 함께 대상부지 내에서의 원식생 훼손뿐만 아니라 주변의 동식물 서식지까지 파괴하며, 이와 함께 직간접적으로 지역 사회경제에 영향을 크게 미치게 된다. 따라서 복원을 할 때에는 자연환경과 지역사회를 동시에 고려한 복원이 진행되어야 하는데, 이와 같은 종합적인 검토를 통해 진행하고 있는 대규모 개발 훼손지의 복원 사례가 많지 않으며, 특히 광산 개발과 관련한 기술적 자료가 부족하여 정보를 얻기가 쉽지 않다는 것이 현실이다.

이 광산은 백두대간에 인접에 있는 지리적 여건으로 인하여 사회적 인식은 아직까지도 부정적이며, 이러한 현실이 '백두대간보호에 관한 법률'이 생기게 되는 계기도 된 것도 사실이다. 어려움이 있으면 해결책이 있듯이 이와 같은 부정적인 시각이 오히려 이곳 광산을 생태적 복원이라는 개념을 적용하게끔 만들었다. 그동안 광산 복원 프로젝트가 진행되는 동안 훼손지의 조기 복구에서 생태적인 복원으로 목표가 변하게 되었으며, 환경 파괴의 원흉으로 지탄을 받던 곳이 성공여부를 판단하기는 아직 곤란하지만 그래도 기술적으로는 생태적 복원을 시도하는 대규모 광산이라는 곳으로 의미가 바뀌게 된 점에서 감회가 새롭다.

이 책은 저자들이 옥계 석회석광산을 대상으로 20여년 동안 계획, 설계, 시공, 모니터링, 평가 등의 분야에 참여하며 현장에서 시행착오를 겪으면서 알게 된 내용들을 사실적으로 기술한 자료로서, 주로 시험시공 및 서식지 조성과 관련한 실무적인 내용을 정리한 것이다. 이 책은 크게 3장으로 구성되어 있는데 1~2장에서는 옥계 석회석광산을 생태적으로 복원해야 하는 이유와 대규모 광산을 복원할 때 활용할 수 있는 국내외의 기준 및 지침을 정리하였다. 3~6장에서는 광산 현장의 복원과 관련한 내용으로서 광산개발로 인한 주변 환경의 변화, 안정을 고려한 복원 방법, 생태복원 시험시공의 진행 과정, 그리고 동식물 서식지 보전과 관련한 내용을 작성하였다. 또한 7~9장에서는 복원계획의 수립 및 이행 과정에 다양한 분야의 전문가 및 이해관계자의 참여와 광산과 지역의 상생 방안을 다루고 있으며, 마지막으로 미래세대에 남겨줄 과제를 제시하고 있다.

생태복원의 과정은 20년의 기간만으로 그 결과를 평가하기는 어렵다. 어쩌면 지금까지의 시간만큼 아니면 그 이상으로 시간이 더 필요하겠지만, 자연환경의 생태적 복원이라는 긴 여정 중에 20년이 되는 시점에서 중간평가를 하는 것도 의미가 있다 하겠다. 또한 생태복원을 추진하는 과정에서 자료의 중요성을 알기 때문에 그간의 경험을 기록으로 남기고 공유하고자 한다.

이 현장은 아직까지 복원이 진행 중인 곳이다. 그리고 저자들은 앞으로도 계속 광산의 복원과정에 관여하게 될 것이다. 앞으로 이 자료가 광산 개발 및 복원과 관련이 있는 관계자들뿐만 아니라 생태복원에 관심이 있는 일반인에게도 널리 읽혀지기를 바라며, 미래에 이 광산의 생태복원을 결과를 평가하는데 필요한 자료로 활용될 수 있기를 희망한다.

아울러 이 책을 발간될 수 있도록 오랜 기간 동안 많은 지원을 해주신 한라시멘트 관계자들, 전문적 자문을 해주신 각종 위원회 및 협의회 위원들, 감시역할과 조언을 해주신 시민단체 활동가 및 지역주민들에게 감사드리며, 현장에서 오랜 기간 동안 같이 숲속을 누비면서 땀을 흘렸던 동료들에게도 감사의 말씀을 드린다.

2019년 10월 30일

대표저자 **김 경 훈**

목 차

저자 소개

김경훈

훼손지 분야의 연구로 농학박사학위(산림자원학)를 받았으며, 1999년부터 현장 실무를 시작하여 현재 (주)일림·일송지오텍(주)에서 생태복원 업무를 담당하고 있다. 한국임학회, 한국환경복원기술학회, 한국환경생태학회, 한국산림공학회 회원으로 활동하고 있다. 공동 집필 저서로는 "산림공학", "경관생태학", "자생식물을 이용한 식생복원녹화", "훼손지 생태복원", "생태복원공학" 등이 있다.

김학성

광산환경 및 지반분야의 연구로 공학박사학위(광해 및 지질전공)를 받았으며, 1993년부터 현장 실무를 시작하여 현재 한라시멘트(주) 광산 생태복원 관련 업무를 담당하고 있다. 한국자원공학회, 한국암반공학회, 한국환경생태학회, 한국환경복원기술학회 회원으로 활동 중에 있다. 원주지방환경청 환경영향평가 전문위원으로 활동하였으며, 현재 환경부 시민환경감사관으로 활동하고 있다.

조인환

1996년부터 현재까지 환경영향평가 업무를 담당하였으며, 현재는 (주)서림엔지니어링 부사장으로서 환경영향평가 업무를 총괄하고 있다. 산업단지, 체육시설, 토석 및 광산개발사업 등 다양한 사업의 환경영향평가업무에 참가하고 있다.

조준호

한양대학교 토목공학과를 졸업하고 군산대학교 토목공학과 박사를 수료하였으며. 현재 (주)아임이엔씨 전무이사로 관련분야에서 핵심적인 역할을 하고 있다. 미국 토질 및 기초 기술사이며, 한국도로공사 V.E 자문위원을 역임하고 있다.

석회석광산의 생태적 복원

1. 옥계 석회석광산의 상징성

광산 개발은 대규모의 산림훼손을 동반하게 된다. 광산 개발은 단기간에 이루어지는 것이 아니기 때문에 현재 채광 중인 광산들은 대부분 몇 십 년 이전부터 개발이 진행되고 있던 곳이다. 과거에 개발이 시작되었던 시점에서는 별다른 제약이 없었겠지만, 현재의 법적 기준이나 사회적 관점에서 본다면 생태적 복원이 반드시 필요한 곳으로 광산지역의 의미가 변하게 된 곳이 많다. 특히 백두대간보호구역과 인접한 곳에서 이루어지는 개발행위는 경제적 논리로만 볼 것이 아니라 현재와 미래의 가치 측면에서 검토할 필요가 있으며, 우리는 이런 대규모 훼손지를 생태적으로 복원해야 하는 숙제를 안고 있다.

01

옥계 석회석광산의 상징성

1) 석회석광산

국내에는 수많은 광산이 있으며, 대규모 노천채굴의 방식으로 개발이 진행되는 있는 석회석광산도 100여개가 넘는다. 이들 광산은 우리나라의 지질적 특성으로 강원도와 충청도에 집중되어 있다. 공공데이터포털 자료에 의하면 2017년 기준으로 우리나라에 총 가행 광산은 617개이며, 휴지광산은 144개, 폐광산은 2,199개로 나와 있다. 광종별 현황을 볼 때 그중 석회석광산은 가행광산 139개, 휴지광산 27개, 폐광산 363개에 달한다.

[표 1-1] 전국 광산 현황 (2017년)

총괄 구분	석탄광산	일반광산(금속광산)	일반광산(비금속광산)
가행광산	6	78	617
휴지광산	-	21	144
폐 광 산	394	2,084	2,199

※ 자료 : 공공데이터포털 전국 광산통계 현황 (https://www.data.go.kr)

[표 1-2] 전국 광산 광종별 현황 (2017년)

비금속 광산 구분	석면	활석	사문석	납석	흑연	장석·규석	고령토·규조토	석회석	규사	형석	운모	기타	합계
가행광산		2	4	42	2	113	225	139	38	1	25	26	617
휴지광산	2	3	4	6	1	20	60	27	10	1	5	5	144
폐 광 산	37	90	10	134	71	581	560	363	145	110	34	64	2,199

※ 자료 : 공공데이터포털 전국 광산통계 현황 (https://www.data.go.kr)

대한민국의 근대적 광업 개발 시기는 지금부터 약 100년 전 서구 열강들이 동양으로 진출하던 19세기 후반에서 20세기 초반으로 추정되고 있다. 일본의 자원 수탈로 시작이 되었던 초기 40년간의 광업에서부터 시작하여 건국 이후 본격적으로 광업이 진행되고 있는 국내 광업의 역사는 100여년이 넘고 있다(광업협회).

우리나라 경제개발계획 초기에 광업은 국가 외화 획득원이자 산업발전의 에너지원으로 여겨지면서 법률적 지원과 육성정책 덕택으로 번창했으나, 이후 기간산업 확충에 따른 수입원료 비중이 높아지면서 광산물의 내수 비중이 수출 비중을 상회하게 되었다.

특히, 사회간접자본 형성이 본격화되면서 석회석 등 비금속광 개발이 본격화되고, 시멘트 산업 발달로 1970년대 초반에는 국내 석회석 생산량이 연간 1,000만 톤을 넘어서게 되었다. 이어진 정부의 경제개발 3·4차 계획 시기에는 제조업 중심의 산업구조로 변신을 거듭하면서 대규모 제철, 제련시설 가동으로 금속광물은 수입의존도가 높아지게 되었다. 반면 비금속광은 내수 중심으로 발전하면서 1990년대에는 석회석 생산량이 연간 2,200만 톤을 넘게 되었다.

이후 2000년대 초까지 국내외적으로 장기적인 원자재 가격이 하락하게 되었는데, 국내 광업은 비금속광을 제외하고 모두 고사상태에 빠져드는 국면에 직면하기도 했다. 또한 이 시기부터 사회 전반적으로 환경에 대한 인식이 점차 높아지게 되었다.

과거에 광산은 국가의 기간산업으로 여겨졌으며, 그곳에 종사하던 사람들은 산업역군으로서 자부심이 대단하였다. 그러나 시대가 변하면서 요즘에는 자연환경 파괴의 주범으로 여겨지고 사회 곳곳에서 비난의 대상이 되고 있는 것이 현실이다.

강원도 강릉 및 정선에 걸쳐져 있는 옥계 석회석광산은 그 규모가 240ha에 달하며, 길이는 4㎞에 달하고 있는 중대 규모의 광산이다. 단일 광산의 규모로만 본다면 국내에서 5~6위 정도의 사업장으로, 이 곳보다 더 큰 규모로 개발되고 있는 광산도 많이 있다.

한라시멘트는 1978년에 설립되었으며, 1985년부터 본격적으로 시멘트를 생산하기 시작하였다. 광산의 지질은 고생대 캠브리아기 대석회암통의 풍촌석회암 및 상·하부에 화절층과 묘봉층이 정합으로 분포하며, 풍촌층의 두께는 약 300m 내외이고 주향은 N40E 경사는 45NW로 자료에 제시되어 있다(산업통상자원부 광산안전사무소 자료).

[그림 1-1] 옥계 석회석광산 개발 현황

강원도에 위치하고 있는 이 광산의 생태적 복원이 사회적 관심의 중심에 자리 잡게 된 이유에 대해서는 여러 가지 의견이 있을 수 있다. 단순히 광산의 규모 때문인지 아니면 노천 채굴의 개발방식 때문인지에 대한 이견이 많기 때문에, 광산이 위치한 지리적 특성, 사회경제적인 측면에서 광산개발 및 복원에 대한 새로운 논의가 필요하다고 생각된다.

2) 백두대간보호지역

백두대간(白頭大幹)은 백두산에서 시작해 지리산까지 연결되어 있는 우리나라의 중심 산줄기로서 남과 북을 잇는 주축이며, 자연생태계의 핵심축을 이루는 생물다양성의 보고라고 할 수 있다.

백두대간은 오래전부터 사용해온 개념이며 산천의 모양과 방향을 기초로 하여 구분한 것으로 우리나라 민족이 느끼고 있는 고유의 지리인식 체계의 산물이다. 이는 자연생태계와 인간이 함께 어우러지는 공간으로 능선으로 이어진 산줄기만을 의미하는 것이 아니라 우리나라 주요 강의 발원이 되고 수많은 야생 동식물과 사람들이 살고 있는 생명을 품은 삶의 터전이다.

백두대간은 백두산 장군봉과 지리산 천왕봉을 잇는 마루금의 길이가 1,400㎞(남한 701㎞)에 달한다. 백두산에서 시작하여 금강산, 설악산, 태백산, 소백산, 속리산, 덕유산을 거쳐 지리산까지 이어지는 국토 골격을 형성하는 큰 산줄기로서, 1대간(大幹), 1정간(正幹), 13정맥(正脈) 체계로 구성되어 있다.

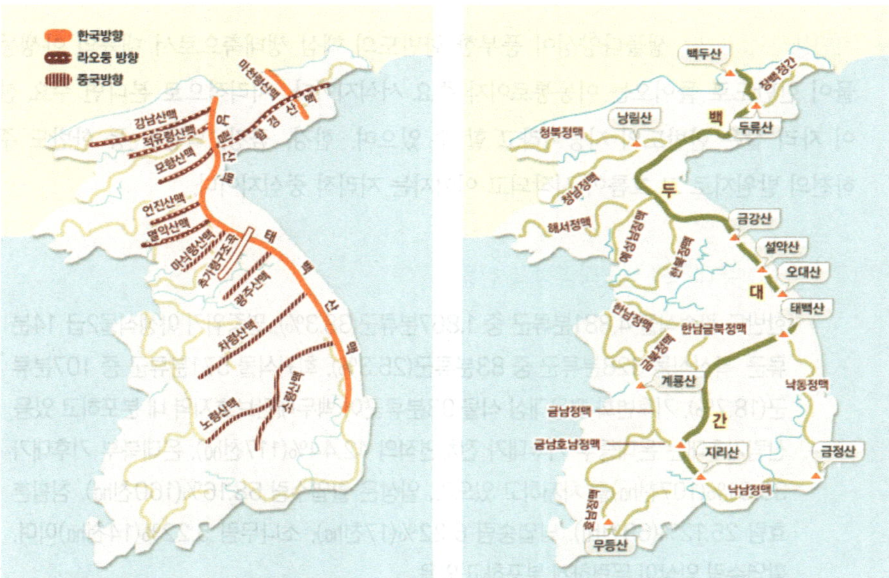

[그림 1-2] 우리나라의 주요 산맥과 백두대간 체계 (자료 : 제2차 백두대간보호 기본계획)

백두대간과 관련한 개념은 산을 단절되거나 고립된 봉우리로 보지 않고 백두산은 민족의 성산이며 국토의 뿌리로부터 연결되어 있다는 전통적인 인식 체계에 바탕을 두고 있으며, 약 1,000년 전(고려사, 세종실록 지리지)의 문헌에서도 그 근거를 찾을 수 있다.

오래전부터 우리나라 사람들에게 고유의 인문사회학적, 문화적 가치를 지닌 것으로 인식되고 있는 백두대간의 가치는 다양한 측면에서 검토가 가능하다.

▶ 인문지리적 가치 : 백두대간, 정간, 정맥을 통해서 산이 이어진다는 인식에 기초하고 있으며, 한반도의 근간을 이루는 국토의 지리적인 일체감을 형성한다. 또한 유역을 구분하는 분수계로서 국토의 지리적 공간을 구성하는 기준이 되며, 생활 영역과 문화 양식의 기반이 되는 우리 민족의 인문적 바탕이 된다.

백두대간의 보호지역

- 보호지역의 면적은 275천㏊로 국토면적의 2.7%, 전체 산림의 4.3%를 차지하며, 핵심구역이 65%(179천㏊), 완충구역이 35%(96천㏊)임
- 임야가 99.6%(274천㏊)로 대부분을 차지하며, 소유별로는 국유지가 82%(225천㏊)로 가장 많으며, 사유지 11%(31천㏊), 공유지 7%(20천㏊)로 구성되어 있음
- 행정구역별로는 강원도가 52%로 가장 넓고, 전남이 2%를 차지하고 있으며, 이중 보호지역으로 지정된 곳은 인제군이 31,316㏊로 가장 많음

※ 자료 : 산림청. 2016. 제2차 백두대간보호 기본계획

▶ 자연생태적 가치 : 생물다양성이 풍부한 한반도의 핵심 생태축으로서 대륙의 야생동식물이 한반도로 들어오는 이동통로이자 주요 서식지이다. 지리적으로 본다면 주요 산들이 자리 잡은 한반도의 지붕이라고 할 수 있으며, 한강, 금강, 낙동강 등 한반도 주요 하천의 발원지로 그 흐름이 시작되고 이어지는 지리적 중심지이다.

백두대간의 생물다양성 및 산림

- 한반도 관속식물 4,881분류군 중 1,867분류군(38.3%), 멸종위기 야생식물2급 14분류군, 특산식물 328분류군 중 83분류군(25.3%), 희귀식물 571분류군 중 107분류군(18.7%), 기후변화 적응대상 식물 93분류군이 백두대간보호지역 내 분포하고 있음
- 산림기후대는 온대중부 기후대가 전체면적의 42.44%(117천㏊), 온대북부 기후대가 38.81%(107천㏊)를 차지하고 있으며, 임상은 활엽수림 58.16%(160천㏊), 침활혼효림 25.12%(69천㏊), 낙엽송림 6.22%(17천㏊), 소나무림 5.22%(14천㏊)이며, 활엽수림 임상이 뚜렷하게 분포하고 있음

※ 자료 : 산림청. 2016. 제2차 백두대간보호 기본계획

▶ 문화적 가치 : 백두대간은 민족정기의 상징이자 귀중한 문화유산의 터전이며, 한반도 토속신앙과 불교문화가 어우러져 한반도 고유의 문화를 형성하고 있다. 주요 산마다 수려한 경관과 불교문화가 접목된 유래 깊은 사찰이 위치하고, 국보, 보물 등 유·무형의 문화재 등이 산재해 있다. 특히 국립공원, 문화재보호구역 등이 위치하며, 여가와 휴양·생태관광 및 교육장소로서 역할이 매우 크다.

백두대간의 문화유산

- 백두대간의 주요 산마다 수려한 경관과 불교문화가 접목된 유래 깊은 사찰이 위치하고, 국보, 보물 등 유·무형의 문화재 등이 산재해 있는데, 이중 국보(31점), 보물(273점), 사적(49개소) 등 국가지정문화재가 543개 있으며, 시도지정문화재 965개, 문화재자료 523개, 등록문화재 53개 등이 있음
- 백두대간보호지역 내에 산재한 사찰림의 면적은 16,571ha로 전체 면적의 약 6%에 해당하며, 우리나라 전통사찰 935개소 중 173개소(19%)의 전통사찰이 위치해 있음 (주요 사찰 : 백담사(설악산), 월정사(오대산), 화엄사(지리산) 등)

※ 자료 : 산림청. 2016. 제2차 백두대간보호 기본계획

▶ 산업적 가치 : 천연림이 많이 분포하는 대표적인 산림지대로 산림자원의 비축기지이며, 임산물의 생산지이자 건강, 휴식, 치유를 할 수 있는 천혜의 공간이다. 백두대간을 산업적인 가치로 언급하기는 타당치 않지만, 입지와 자원의 특성에 따른 농림업, 광업 및 휴양관광 등의 산업적 이용기회도 제공하고 있다.

백두대간의 도로 및 철도

- 주요 간선교통망은 횡축(동~서)의 경우 88올림픽고속도로, 영동고속도로, 종축(남~북)의 경우는 경부고속도로, 중북내륙고속도로, 중앙고속도로, 중부고속도로가 주간선축의 역할을 담당하며, 백두대간에 위치하고 있음
- 백두대간권에는 경부선, 경전선, 중앙선 등 모두 8개의 철도 노선이 통과하고 있으며, 총 연장은 1,474.7㎞임

※ 자료 : 산림청. 2016. 제2차 백두대간보호 기본계획

이와 같이 백두대간을 중심으로 한 생태계는 우리나라의 생물다양성을 대표하는 자연환경으로 구성되어 있으나 아직까지 그 실체나 가치가 제대로 규명되지 못한 상황에서 크고 작은 자연환경 훼손의 압박을 받고 있다. 백두대간 지역에 대한 개발압력이 높아 이에 따른 훼손이 심각했으며, 개발·보전에 관한 다양한 사회·경제적 요구에 따른 이해관계가 복잡한 곳으

로, 국토의 효율적 이용 및 관리를 위해서는 통합적 관리와 보전이 중요하다.

백두대간 훼손이 가속화되면서 능선이 단절됨에 따라 환경훼손이 심각한 상태이며, 특히 광산 개발은 지형파괴와 훼손의 대표적인 사례로서 그 분포가 불규칙하고 광범위한 입지선정으로 인해 생태축을 차단하는 경우가 발생하고 있다. 특히 석회석광산의 경우 강원도가 광산수나 매장량 점유율에서 전국의 95% 이상을 차지하고 있는데, 광산 개발로 인한 내부의 지형훼손도 문제지만 사업지와 연계된 외부 인접수계에도 영향을 미치고 있으며 생태계의 변화를 유발시키고 있다.

이와 같이 광산 개발로 인해 생물다양성이 감소하는 한편 생태적 중요성이 대두되면서 백두대간 보전을 위한 효율적인 관리가 필요해졌으며 정부, 학계, 시민단체 등이 중심이 되어 백두대간의 생태적 관리와 복원방안 등에 대해 다각적 노력을 기울인 결과 2003년 12월 31일 「백두대간보호에 관한 법률」이 제정, 공포됨으로서 보전과 관리를 위한 법적 기틀이 마련되었다.

백두대간에 대한 가치가 알려진 이후 백두대간 보호에 대한 국민적 관심과 요구에 부응하고자 정부는 「백두대간보호에 관한 법률('03.12.31)」을 제정함으로써 백두대간보호를 위한 법적장치를 마련하였으며, 산림청에서는 「백두대간보호 기본계획」을 수립·시행하고 있다(산림청. 2016. 제2차 백두대간보호 기본계획 2016~2025 수립).

백두대간 및 백두대간보호에 관한 법률

제1조(목적) 이 법은 백두대간의 보호에 필요한 사항을 규정하여 무분별한 개발행위로 인한 훼손을 방지함으로써 국토를 건전하게 보전하고 쾌적한 자연환경을 조성함을 목적으로 한다.

제2조(정의) 이 법에서 사용하는 용어의 뜻은 다음과 같다.

1. "백두대간"이란 백두산에서 시작하여 금강산, 설악산, 태백산, 소백산을 거쳐 지리산으로 이어지는 큰 산줄기를 말한다.
2. "백두대간보호지역"이란 백두대간 중 특별히 보호할 필요가 있다고 인정되어 제6조에 따라 산림청장이 지정·고시하는 지역을 말한다.

제4조(백두대간보호 기본계획의 수립)

① 환경부장관은 산림청장과 협의하여 백두대간보호 기본계획(이하 "기본계획"이라 한다)의 수립에 관한 원칙과 기준을 정한다. 다만, 사회적·경제적·지역적 여건의 변화로 원칙과 기준의 변경이 불가피하다고 인정하는 경우에는 산림청장과 협의하여 변경할 수 있다.

② 산림청장은 백두대간을 효율적으로 보호하기 위하여 제1항에 따라 마련된 원칙과 기준에 따라 기본계획을 환경부장관과 협의하여 10년마다 수립하여야 한다.

제6조(백두대간보호지역의 지정)

① 환경부장관은 산림청장과 협의하여 백두대간보호지역(이하 "보호지역"이라 한다)의 지정에 관한 원칙과 기준을 정한다. 다만, 사회적·경제적·지역적 여건의 변화로 원칙과 기준의 변경이 불가피하다고 인정하는 경우에는 산림청장과 협의하여 변경할 수 있다.

② 산림청장은 백두대간 중 생태계, 자연경관 또는 산림 등에 대하여 특별한 보호가 필요하다고 인정하는 지역을 제1항 본문에 따른 원칙과 기준에 따라 환경부장관과 협의하여 보호지역으로 지정할 수 있다. 이 경우 보호지역은 다음 각 호와 같다.

1. 핵심구역: 백두대간의 능선을 중심으로 특별히 보호하려는 지역
2. 완충구역: 핵심구역과 맞닿은 지역으로서 핵심구역 보호를 위하여 필요한 지역

제7조(보호지역에서의 행위 제한)

① 누구든지 보호지역 중 핵심구역에서는 다음 각 호의 어느 하나에 해당하는 경우를 제외하고는 건축물의 건축, 인공구조물이나 그 밖의 시설물의 설치, 토지의 형질변경, 토석의 채취 또는 이와 유사한 행위를 하여서는 아니 된다.

1. 국방·군사시설의 설치
2. 도로·철도·하천 등 반드시 필요한 공용·공공용 시설로서 대통령령으로 정하는 시설의 설치
3. 생태통로, 자연환경 보전·이용 시설, 생태 복원시설 등 자연환경 보전을 위한 시설의 설치
4. 산림보호, 산림자원의 보전 및 증식, 임업 시험연구를 위한 시설로서 대통령령으로 정하는 시설의 설치

4의2. 등산로 또는 탐방로의 설치·정비

5. 문화재 및 전통사찰의 복원·보수·이전 및 그 보존관리를 위한 시설과 문화재 및 전통사찰과 관련된 비석, 기념탑, 그 밖에 이와 유사한 시설의 설치
6. 「신에너지 및 재생에너지 개발·이용·보급 촉진법」에 따른 신·재생에너지의 이용·보급을 위한 시설의 설치
7. 광산의 시설기준, 개발면적의 제한, 훼손지의 복구 등 대통령령으로 정하는 일정 조건하에서의 광산 개발
8. 농가주택, 농림축산시설 등 지역주민의 생활과 관계되는 시설로서 대통령령으로 정하는 시설의 설치

8의2. 「전파법」 제2조제1항제6호에 따른 무선국 중 기지국의 설치. 다만, 산불·조난 신고 등의 무선통신을 위하여 해당 지역에 기지국의 설치가 부득이한 경우로 한정한다.

9. 제1호부터 제4호까지, 제4호의2, 제5호부터 제8호까지 및 제8호의2의 시설을 유지·관리하는 데 필요한 전기시설, 상하수도시설 등 대통령령으로 정하는 부대시설의 설치
10. 제1호부터 제4호까지, 제4호의2, 제5호부터 제8호까지 및 제9호의 시설(제8호의2의 시설을 유지·관리하는 데 필요한 부대시설은 제외한다)을 설치하기 위한 진입로, 현장사무소, 작업장 등 대통령령으로 정하는 임시시설의 설치

※ 자료 : 산림청. 2016. 제2차 백두대간보호 기본계획(2016~2025)

3) 사회적 여론 및 이해관계자

대규모 개발사업은 여러 가지 사회의 이슈를 만들어내며, 자연환경의 보전 및 지속가능한 이용이라는 측면에서 갈등을 야기하고 있다. 옥계 석회석광산의 경우 백두대간에 인접해 있기 때문에 다른 광산보다는 상대적으로 사회적 논란의 중심에 서게 되었다.

백두대간 주능선에 해당하는 자병산(872.5m)은 강원도 정선군 임계면, 강릉시 옥계면, 강원도 동해시 신흥동 등 3개 면에 걸쳐 위치한 석회암 지대이다. 자병산은 한반도 산림생태축인 백두대간의 핵심지역으로 빼어난 자연경관과 풍부한 동식물상을 자랑하던 곳이었다. 특히, 식생과 식물상이 한반도 석회암지역 중에서도 탁월하여 학술적, 자연자원적 가치가 높은 지역이었다. 특히 백두대간 주능선인 생계령-자병산-백봉령 일대는 솔나리, 백리향, 산개나리, 만병초, 금강애기나리, 한계령풀, 돌마타리, 관중 등 온갖 희귀한 식물군락이 형성되어 있는 석회암식생지역이다.

1990년대부터 백두대간의 중요성이 거론되면서 광산개발에 따른 자연환경의 훼손 문제에 대한 사회적 갈등이 시작되었다. 이 때부터 백두대간이라는 이름이 거론되고 국민들에게 많이 알려지기 시작하자 정부 부처에서도 백두대간을 보전해야 한다는 인식을 하게 되었다.

옥계 석회석광산은 옥계면에서 시작하여 남서쪽으로 개발이 진행되고 있으며, 면적으로 보면 광산 개발 지역 중 약 30% 정도가 핵심구역에 속해 있다.

백두대간과 관련한 사회적 인식이 확산되면서 개발 반대의 논리와 함께, 개발된 이곳을 복원하기 위한 상징적인 논의가 있었다. 이곳은 1970년대부터 개발이 시작되었으며, 산지 아래

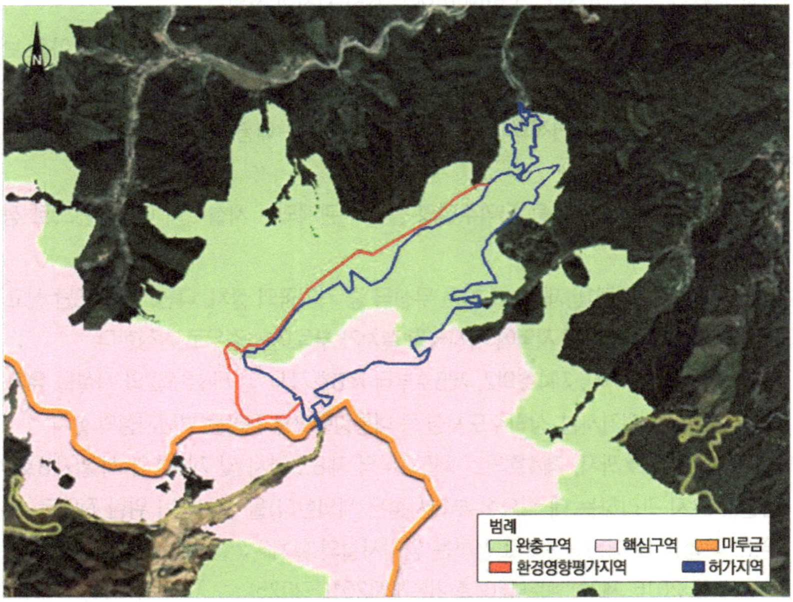

[그림 1-3] 백두대간인접구역과 광산의 지리적 위치

쪽에서 시작하여 정상부 쪽으로 올라가면서 길이 방향으로 개발이 되고 있는 형태이다. 그리고 그 개발 방향에 바로 우리나라의 지형학적, 사회학적 상징이라고 할 수 있는 백두대간 마루금이 위치하고 있다.

지금은 광산 개발 방향 및 위치가 변경되었지만 만약 당초의 개발 방향에 따라 채광이 계속 진행되었다면, 아마도 백두대간 마루금이 일부 훼손되는 형태가 되었을 수도 있다. 바로 이 점이 옥계 석회석광산 생태복원의 핵심이라고 할 수 있으며, 이러한 사회적 배경도 "백두대간보호에 관한 법률"이 생겨나게 된 계기 중의 하나라고 생각할 수 있다.

옥계 석회석광산은 지리적, 생태적, 인문사회학적으로 매우 중요한 위치에 자리하고 있다. 자연생태적 측면에서 자연식생 및 생태계가 훼손된다는 문제와 함께, 백두대간 마루금에 인접해 있는 인문사회학적 측면을 고려할 때에는 이곳의 가치는 매우 높아진다. 따라서 이곳에 위치한 옥계 석회석광산의 경우는 과거 자원개발의 가치, 현재의 훼손 방지, 그리고 미래의 자연유산이라는 시대적 흐름에 맞게 적절히 복원이 이루어져야 한다.

훼손이 된 생태계는 자연 스스로의 힘만으로 복원이 되기 위해서는 오랜 시간이 걸린다. 또한 아무리 시간이 지나도 스스로의 힘으로 원상태로 복원이 불가능할 수도 있다. 따라서 우리는 자병산 및 주변 생태계가 다시 회복이 될 수 있도록 도와주는 역할을 해야 할 것이다.

훼손이 된 지형과 수계를 최대한 되살리고, 사라진 원 식생들이 다시 자리를 잡을 수 있도록 식물을 도입하고, 그들이 살 수 있는 기반을 조성해주어야 한다. 또한 식물종 외에도 이곳을 터전으로 살았던 야생동물들이 다시 돌아올 수 있도록 해주어야 한다.

이것이 자연환경을 개발하여 이용하고 있는 현시대의 책임이며, 완전한 회복은 어렵더라도 복원이 시작될 수 있는 좋은 출발점을 남겨주어야 하는 것이 우리의 의무라고 할 수 있다.

석회석광산의 생태적 복원

2. 대규모 광산의 복원 방법

개발로 훼손된 자연을 훼손되기 이전의 원상태와 유사하게 되돌려줄 수 있을까? 소규모로 식생만 훼손된 곳은 인간의 노력에 의해서 단기간에 식생의 복원이 어느 정도는 가능하겠지만, 광산과 같이 대규모로 훼손된 지역은 이미 지형과 식생이 변형되었기 때문에 개발 이전의 원상태로 되돌리는 것은 불가능하다. 이러한 곳을 어떻게 복원할 것인지는 당시의 사회적인 인식, 복원의 가치, 실현가능한 기술수준 등에 따라서 달라질 것이다. 따라서 대규모 개발지역에 대한 생태복원에 있어서는 복원의 이상과 현실적인 목표 사이에서 최적의 방법을 찾아가는 노력이 중요하다.

02

대규모 광산의 복원 방법

1) 생태복원의 개념

광산을 어떻게 복원할 것인지에 대한 논의에 앞서 복구와 복원에 대한 이해가 먼저 필요하다. 복원이란 것은 오래 전부터 다양한 유사개념과 함께 논의되고 있다. 개념이란 것은 시대를 불문하고 변화하지 않는 것이라고 할 수 있으나 복원이 갖고 있는 개념을 실제 현장에 적용하고자 할 때 발생하는 현실적인 어려움으로 인해 복원의 개념이 보다 유연해질 필요가 있다고 생각된다.

복원이라는 용어가 구체화된 초기에 사전적 개념은 '훼손된 대상을 원래대로 되돌리는 것'을 의미하였으며, 생태계 복원의 개념도를 설명한 사례도 아래 그림과 같이 표현되고 있다.

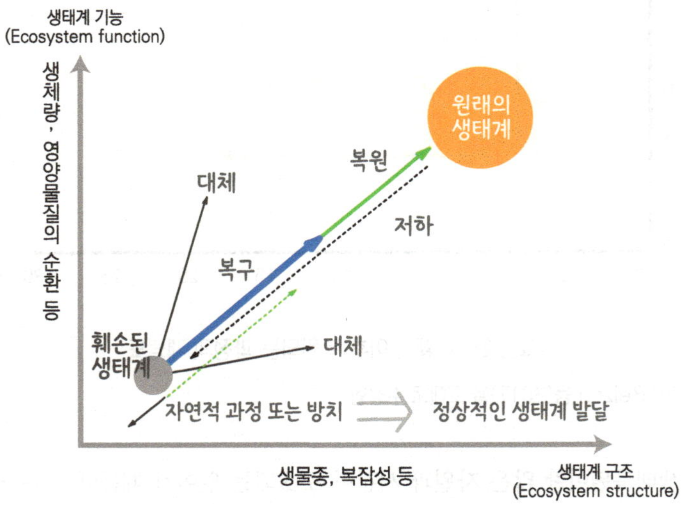

[그림 2-1] 생태계 복원 개념도

※자료 : Bradshaw(1984)를 토대로 수정함

하지만 복원의 최종적인 목표라고 할 수 있는 '원래 상태로 되돌리는 것'은 훼손행위가 발생한 현실에서는 매우 어려운 과제이다. 특히 인위적인 훼손의 경우 산지와 산림을 비롯해 대다수의 대상지를 훼손하는 행위가 해당 지역에서 대상물을 훼손하여 얻은 자원(에너지로도 볼 수 있음)을 외부로 반출함으로써 생기는 이익에 비해 이를 되돌리는데 필요한 비용은 그 이상으로 소요되는 것이 일반적이기 때문이다.

인위적 훼손지에 해당하는 것이지만 자연적 훼손지 역시 특정한 원인에 의해 훼손이 발생함으로써 일정한 자원이나 에너지의 손실이 발생한 상황이란 점은 동일하다고 볼 수 있다. 따라서 특정한 자원을 취득하고 이를 통해 이윤을 추구하는 과정을 거치고 난 후 이를 복원하기 위해서는 다시 그만큼 또는 그 이상의 자원과 에너지의 투입이 필요하다.

다음 그림은 교란이 발생한 곳에서는 바이오매스가 급격하게 감소가 된 이후 복원의 과정을 통해서 이전의 상태로 회복되어가는 것을 나타내고 있다. 바이오매스라는 한 가지 지표만을 대상으로 단순화한 것이지만, 복원 과정에는 수많은 변수들이 작용을 하게 되고 또한 복원이 어느 곳으로 진행될지 예측하기도 쉽지 않다. 다만 이렇게 회복이 되는 과정에서는 다양한 형태의 에너지가 투입되어야 하며, 교란에 의해 사용된 에너지 보다 훨씬 더 많은 노력(에너지)이 필요하다는 것을 알 수 있다.

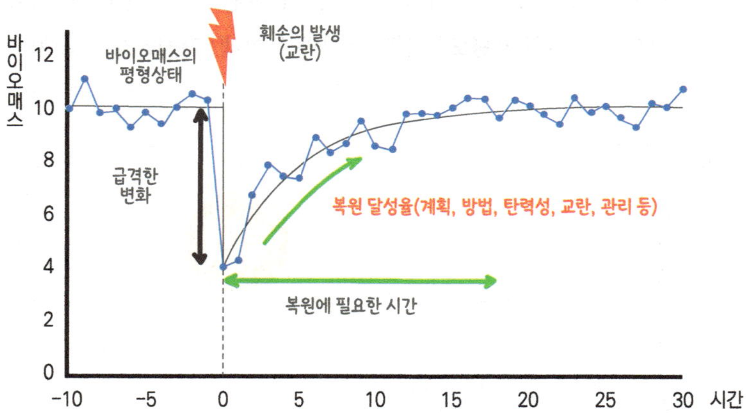

[그림 2-2] 훼손 이후 복원되는 과정의 개념도

※자료 : Jim van Belzen 등(2017)을 토대로 수정함

현실에서 생태복원이란 많은 자원과 시간이 소요되는 일이기 때문에 모든 지역과 대상에 대한 이상적인 복원이 현실적으로 불가능할 소지가 매우 높다. 이러한 이유로 인해 사실상 훼손이 추가적으로 발생하지 않게 하기 위한 방안으로서 전통적인 복구라는 개념이 먼저 사용되었다.

'복원'과 함께 유사개념으로 제시되는 대표적인 것에는 '복구(Rehabilitation)'와 '대체(Replacement)', '저감(Mitigation)' 등이 있다. 생태복원 과정에서는 어느 한 가지 용어로만 설명하기는 어렵고, 다양한 개념을 복합적으로 검토할 필요가 있다.

한편, 복원이란 개념을 조금 다른 관점에서 바라볼 수 있는데, SERBD(Society for Ecological Restoration Board of Directors in 1994)에서는 생태적 복원을 "인간에 의해 훼손된 피해지역을 원래 생태계의 종다양성과 역동성으로 되돌리는 과정"으로 정의하고 있다. 여기에서 중요한 것은 '되돌리는 과정'으로서, 특정한 결과에 도달해야 복원이 완성되는 것이 아니라 그러한 과정을 거쳐 가는 것이 복원이란 점을 제시한 것이다.

복원의 개념에서 중시되는 항목이 과거에는 '결과'라고 할 수 있었는데 '결과'에서 '과정'으로, '행위'에서 '행위의 연속성'으로 변화한다는 것을 의미한다. 아울러 과거에는 복원과 복구의 개념은 엄연히 다른 개념으로 제시되었으나 현재는 복구는 복원의 한 방향 또는 복원의 한 단계로 보고 있다.

[표 2-1] 다양한 복원의 개념

구 분	정의 및 내용
복구 (Rehabilitation)	• 원래의 상태로 되돌리기 어려운 경우 원래의 자연 상태와 유사한 것을 목적으로 하는 것
복원 (Restoration)	• 훼손되기 이전의 상태로 되돌리는 것 • 교란 이전의 상태로 정확히 돌아가기 위한 시도로 많은 시간과 비용이 소모되어 쉽지 않음 • 최근에는 이전의 상태로 되돌아갈 수 있도록 방향을 설정하고, 회복 과정을 도와주는 역할을 하는 것으로 해석하고 있음
개선 (Reclamation)	• 새로운 토지이용의 개념이 포함되어 있음 • 농사를 위해 적합한 형태로 토지를 만드는 것
향상 (Enhancement)	• 질이나 중요도, 매력 측면의 증진
저감 (Mitigation)	• 오염이나 훼손을 완화시키거나 경감시키는 것
대체 (Replacement)	• 현재의 상태를 개선하기 위하여 원래의 생태계를 다른 생태계로 대체하는 것 • 구조에 있어서는 간단할 수 있지만 보다 생산적일 수 있음 • 초지의 농업적 목초지 전환(높은 생산성을 보유)
개조 (Remediation)	• 건강한 생태계 조성을 위해 개조하는 것으로 결과 보다는 과정을 중요시 함
재생 (Renewal)	• 재이용 계획에서 유동성이 가능한 형태로 바꾸어 주는 것
창출 (Creation)	• 자연환경이 거의 없어진 지역에서 원래와 다른 새로운 형태의 생태계를 조성
유지관리 (Maintenance)	• 사업이 완료된 자연환경의 상황을 모니터링하고 그 상태를 장기간 유지하기 위해서 필요한 관리를 실시하는 행위

과거 복원의 개념이 '원래의 상태로 되돌리는 것' 또는 '원상태로 되돌려 생태계의 다양성과 역동성을 회복시키는 것'에 초점이 맞춰졌다면 복구의 경우 '복원과 유사하지만 원래의 건강성과 다양성의 회복은 담보할 수 없는 것'으로 볼 수 있다.

최근 생태복원은 '훼손되기 이전의 상태로 되돌려주기 위해 도와주는 것'으로 정의하기도 한다. 복원 과정에서 구체적인 목표를 수립하기도 하지만, 그 목표를 달성하기 위해 자연 스스로의 힘으로 회복이 될 수 있도록 도와주는 것을 복원 전문가가 수행해야 하는 역할로 보고 있다.

이밖에도 과거에는 복원의 목표를 한두 가지로 제시하기도 했지만 현재는 목표를 보다 다양하게 설정할 수 있다는 것이 일반적이다. 이와 같이 복원의 개념이 변한 것이 아니라 복원을 바라보는 관점의 변화를 통해 복원의 개념을 보다 폭넓은 의미로 해석하고 있다는 것이 적절한 표현일 것이다.

따라서 광산의 생태적 복원에 있어서도 현재 산림복구의 기준에 따른 수목의 식재 방법에서 한 단계 발전하여, 훼손되기 이전을 숲을 기억하고, 주변에 훼손되지 않은 상태로 남아 있는 숲을 참조모델로 삼아서 이와 자연스럽게 어우러질 수 있도록 하는 것이 필요하다. 또한 이러한 복원의 과정을 긴 시간의 관점에서 바라볼 필요가 있다.

2) SER의 생태복원 실행을 위한 국제 표준

국제생태복원학회(Society for Ecological Restoration)에서는 '생태복원 실행을 위한 국제 표준'을 수립하였다. 국제 표준(원칙 및 주요 개념 포함) 문서는 육지, 담수, 연안 혹은 해양 등 모든 지리·생태 지역을 대상으로 생태복원의 기술적 응용에 대한 방법을 제시하며, 모든 생태계의 생물다양성 보전을 지원하며, 생태계서비스의 제공을 인식하도록 하고, 프로젝트가 사회·문화적 요구와 현실에 적합하도록 하며, 지속가능한 발전을 위한 2030 Agenda에 기여할 수 있도록 고안되었다. 이 표준문서가 추구하는 바를 요약하면 다음과 같다.

- ▶ 자연적인 곳이나 복원된 곳에 관계없이 지역의 자생 생태계는 생물학적, 사회적, 경제적으로 높은 가치를 가지고 있는 것으로 해석된다. 생태계서비스는 예를 들면 깨끗한 물, 건강한 토양, 청정한 공기 및 식품·섬유·의약품의 공급이 포함되며, 이들은 인간의 건강한 삶에 필수적인 요소이다. 이와 같은 생태계 작용은 또한 자연재해의 영향을 줄이고 기후변화를 완화하는데 중요한 역할을 한다.

- ▶ 황폐화, 훼손 및 파괴가 생태계의 범위를 축소시킴에 따라, 생물다양성 및 기능과 교란에 대응할 수 있는 능력이 감소된다. 따라서 남아있는 건강한 생태계를 보호하기 위해 우리의

자연 및 문화유산을 보전하는 것이 매우 중요하지만 훼손이 계속해서 진행되고 확장되는 정도를 감안할 때 보전만으로는 충분하지 않다.

▶ 생태계서비스 및 재화의 지속 가능한 흐름을 보장하기 위해, 세계는 생태적 복원을 포함한 환경복원 활동에 투자함으로써 자생 생태계의 범위와 기능성이 유지될 수 있도록 노력해야 한다. 이러한 활동은 탄소 격리, 생계 수단, 생태계서비스 또는 생물다양성 등이 목표에 포함되는지의 여부를 결정할 만큼 충분히 큰 규모로 구현되어야 한다. 따라서 생태복원은 과거의 피해를 보상하는 뿐만 아니라 황폐화된 생태계의 범위와 기능을 점진적으로 증진시키는데 도움이 된다.

▶ 생태복원에 대한 노력은 전 세계적으로 증가하고 있다. 생물다양성 협약(The Convention on Biological Diversity)은 기후 변화의 영향을 완화시키고 사막화 방지를 위해 2020년까지 황폐화된 생태계의 15% 까지를 복원한다는 목표를 가지고 있다(Aichi Biodiversity Target 15). 또한 생물다양성 협약은 생태복원을 필수적인 생태계서비스 제공의 핵심으로 간주한다(Aichi Biodiversity Target 14).

▶ 최근 유엔은 지속가능한 발전을 위해 2030 Agenda를 채택했는데, 여기에는 "육상 생태계의 지속가능한 이용을 보호·복원 및 증진하고, 산림을 지속가능하게 관리하며, 사막화를 방지하며, 토지 황폐화를 막거나 되돌리고, 생물다양성의 손실을 막는 것"과 같은 15가지의 지속가능한 개발 목표가 이에 포함된다. 이러한 활동의 성공 여부는 생태복원을 효과적이고 효율적으로 수행하기 위한 우리의 노력에 달려있다.

▶ 생태복원은 기존 자생 생태계의 지속적인 보호 및 관리를 대신하는 것으로 간주되어서는 안 되며, 대부분의 자연적 및 반자연적 생태계는 쉽게 대체되거나 훼손된 후에 쉽게 재구성되지 않는다. 또한 생태복원 과학 및 기술은 생물다양성, 생태계 기능 또는 생태계서비스 제공을 온전히 지원하기는 어렵다. 이것은 복원의 약속이 결코 기존 생태계를 파괴하거나 손상시키는 것에 대한 정당화를 담보하는 수단이 되어서는 안 된다는 것을 의미한다. 마찬가지로 희귀종을 복원하거나 대체서식지를 조성할 수 있다는 것이 그 목적을 위해 기존의 온전한 서식지의 파괴를 정당화해서도 안 된다.

▶ 복원을 실행하는데 있어서는 참조생태계가 매우 중요하다. 참조생태계는 복원 프로젝트의 목표를 알려주는 특정 생태계 모델이다. 이것은 완전한 복원으로 이끄는 자기조직화 상태에서 복원을 요구하는 특정한 구조 및 기능적 생태계 속성을 기술하는 것을 포함한다.

▶ 우리가 현 시점에서 고려해야하는 것은 문화적 생태계이다. 전 세계의 많은 생태계 중에 인간의 크고 작은 이용 행위에 의해 형성된 것들이 있다(원주민이 산림을 태워 초지를 만들고 유지하는 예가 있음). 문화적 생태계의 변형이 서로 다른 상태를 형성하고 본래 생태계와 실질적으로 다른 종 구성을 보이는 경우 그 부지들은 생태복원에 적합한 참조모델은 아니지만 그래도 가치가 있고, 반 자연적이며 문화적 생태계로 관리(또는 복구) 될 수도 있다.

이와 같이 생태복원을 위해서는 생물다양성, 참조생태계, 생태계서비스, 서식지 등에 대한 개념을 광범위하게 이해하여야 하며, 다음과 같은 3가지 기본원칙에 따라 효과적, 효율적, 적극적으로 임해야 한다.

생태복원의 3가지 기본 원칙

- 성공적인 생태복원 활동을 위해서는 효과적이고 효율적이며 적극적이어야 한다. (Keenleyside 등, 2012)

(a) 효과적인 생태복원은 생태계의 가치를 확립하고 유지한다.
(b) 효율적인 생태복원은 시간, 자원 및 노력의 비용을 최소화하면서 유익한 결과를 극대화한다.
(C) 적극적인 생태복원은 파트너 및 이해관계자와 협력하고 참여를 촉진하며, 생태계에 대한 경험을 향상시킨다.

기준 및 지침 소개 : 생태복원 실행을 위한 국제 표준

SER SOCIETY FOR ECOLOGICAL RESTORATION

INTERNATIONAL STANDARDS
FOR THE PRACTICE OF ECOLOGICAL RESTORATION
생태복원 실행을 위한 국제 표준
- INCLUDING PRINCIPLES AND KEY CONCEPTS -
- 원리와 주요 개념 -

국제 생태복원학회에서는 원리와 주요 개념(이후부터 "표준"이라 통칭)을 포함하는 "생태복원 실행을 위한 국제 표준"을 제시하였다(2016년). 이 표준에는 육상, 담수, 해안, 해양 등 어떠한 지형에 관계없이 훼손된 생태계 복원에 관련된 현업 종사자, 운용 인력, 기획자, 관리자, 규제자 및 재정지원 기관에게 필요한 기준을 제공하고 있다.

이 표준은 복원 중인 지역 고유 생태계를 위해 참조생태계를 모델이나 목표로서 사용하도록 하고 있으며, 여러 가지 정보로부터 얻어진 참조 모델은 변화되었거나 예측된 생물학적 및 환경적 상태에 맞춰 조정되거나 황폐화되기 이전 생태계의 상태를 모방하는 것을 목표로 하고 있다.

생태복원 실행에 있어서 반드시 고려해야 할 6가지의 주요 개념은 다음과 같다.

1) 생태복원 활동은 적절한 현지 참조생태계를 기반으로 하며, 환경변화를 고려하여야 함
2) 생태계 주요 속성의 식별은 장기 및 단기 목표를 개발하기 위해 필수적임
3) 생태복원 목표를 달성하기 위한 가장 좋은 방법은 회복의 잠재력이 손상된 범위 내에서 그들의 자연적인 회복 과정을 도와주는 것임
4) 생태복원을 위해서는 완전한 회복을 위한 최고와 최선의 노력을 필요로 함
5) 성공적인 생태복원은 모든 관련된 지식이 동원되어야 함
6) 생태복원의 성공을 위해서는 이해관계자들과의 신속하고, 적극적인 활동이 필요함

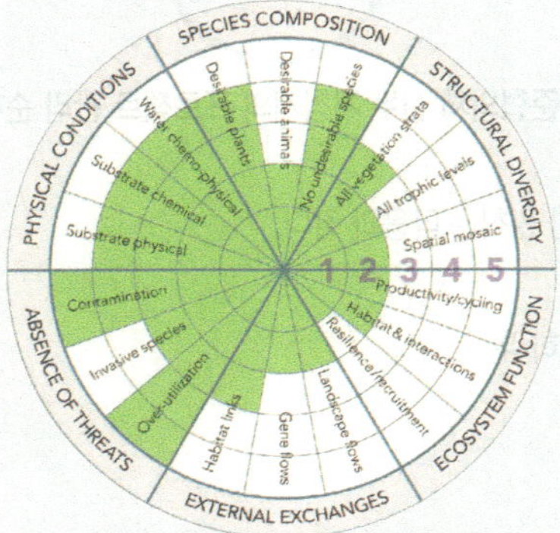

[프로젝트 평가를 위한 기준표]

※자료 : 국제 생태복원학회 (https://www.ser.org)

기준 및 지침 소개 : 생태보전 실무 지침서

전 세계적으로 프로젝트를 진행하고 기록하는데 개인, 집단 혹은 기관마다 사용하는 용어가 다르고 기록 및 관리 체계도 달라서, 프로젝트 간 비교가 어렵고 상호학습을 위한 의사소통에도 문제가 있어 왔다. 이러한 문제를 해결하기 위해 보전 단체, 정부 및 기금 등이 모여서 프로젝트의 체계적인 기획 및 평가를 위한 틀을 마련한 것이 “생태보전 실무 지침서(The Open Standard for the Practice of Conservation)”이다.

‘생태보전 실무 지침서’는 생태분야 연구기관의 실무자들이 참고할 수 있는 생태적 보전 실무에 대한 국제적 표준 지침사항으로 보전기준협의체(Conservation Measures Partnership, CMP)에서 지난 2004년 초판을 발행한 이래 계속 개정되고 있으며, 많은 국가들에서 그 가치를 인정받아 전 세계의 보전 프로젝트를 체계적으로 기획하고 평가하는데 중요하게 활용되고 있다.

“생태보전 실무 지침서”는 적응관리(Adaptive Management)를 기본 토대로 프로젝트의 기획과 관리 개념화, 실행 및 모니터링 계획 수립, 실행과 모니터링, 분석, 활용 조정 그리고 지식 획득과 공유의 5단계로 나누어 체계적으로 진행할 수 있도록 기준을 제시하고 있다.

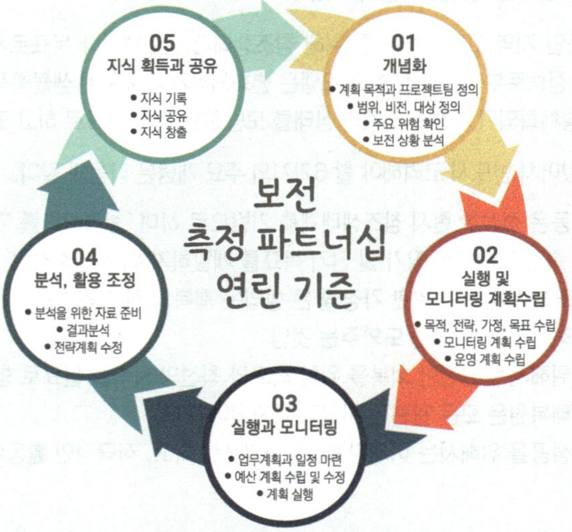

[보전기준협의체 실무 지침서의 프로젝트 관리 순환 과정]

지침서 활용을 위한 일반적인 원칙은 다음과 같다.

- 이해관계자를 포함하라
- 파트너십을 개발하고 촉진하라
- 학습을 수용해라
- 결정사항을 기록하라
- 필요 시 조정하라

※ 자료 : 국립생태원. 2018. 생태보전 실무 지침서

기준 및 지침 소개 : 백두대간 훼손지 산림경관복원 가이드라인

가이드라인은 백두대간 복원사업시 사업 단계별로 어떠한 점을 고려하여야 하고, 어떠한 식물을 중점적으로 확인해야 하는지를 야장과 예시로 구성하여 기획과 계획, 실행, 검토 등을 실시하는 담당자 또는 전문가가 쉽게 이해할 수 있도록 만들어 졌다.

가이드라인에서 복원사업은 7단계로 구분하며, 복원사업 수행 단계상 반드시 고려해야 할 사항들을 포함하고 있다. 또한 생태적 복원을 공통 원칙으로 하되, 복원 목표에 따른 대상지별 차별성을 구현하고, 「목표 설정」과 「계획 및 설계 수립」 단계에서 설정된 항목들을 사업의 전체 과정에서 지속적으로 유지하도록 하고 있다.

산림경관복원 7단계는 다음과 같다.

- **1단계 : 대상지 평가**
  복원사업의 필요성을 확인하고 사업 실행여부를 결정
- **2단계 : 목표 설정**
  목표를 달성하기 위한 종합계획을 수립
- **3단계 : 계획 및 설계 수립**
  수립한 계획에 따라 실행되었는지 확인
- **4단계 : 계획 및 설계 적합성 평가**
  국민의 안전과 재산, 사회적 요구를 만족시키고 최대 수혜자를 포함하는 목표를 설정
- **5단계 : 사업 실행**
  복원사업을 실질적으로 수행
- **6단계 : 사업 평가**
  수립한 계획이 목표를 달성할 수 있는지 평가
- **7단계 : 모니터링 및 사후관리**
  목표 달성을 위해 대상지를 확인하고 관리

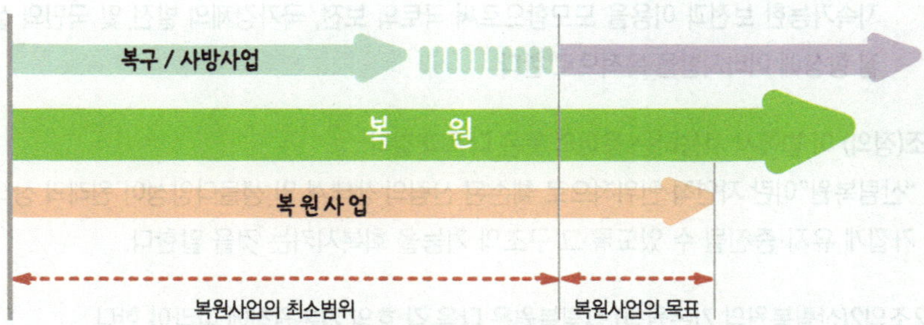

[프로젝트 평가를 위한 기준표]

※ 자료 : 국립산림과학원. 2016. 백두대간 훼손지 산림경관복원 가이드라인

3) 개정된 산림복원 관련 법률

최근 산림청(2019년)에서는 "산림자원 조성 및 관리에 관한 법률" 개정을 통하여 산림복원을 시행할 수 있는 법적 근거를 마련하였다. 지금까지는 산림에서 이루어지는 사업들에 있어서 복구나 복원에 대한 개념이 혼재되어 사용되고 있었기 때문에, 산림복원을 목표로 하는 사업 수행에 어려움이 있었으나, 향후 관련 법률을 근거로 활용하여 바람직한 방향으로 산림복원이 수행될 것으로 기대된다.

한편 법률에서는 산림복원의 기본원칙을 다음과 같이 제시하고 있다.

- 산림생태계가 모든 국민의 자산으로서 공익에 적합하게 보전·관리되고 지속가능한 이용이 이루어지도록 한다.
- 산림내 생물이 생태적으로 보호되고 산림생물다양성이 유지·증진될 수 있도록 한다.
- 산림내 서식공간 및 기능이 확보되도록 지형·입지에 적합한 자생식물·자연재료를 사용하여 식생을 복원한다.
- 산림내 생태계 균형이 파괴되거나 그 가치가 저하되지 않도록 한다.
- 산림복원 시 계획, 모니터링, 평가의 유기적 연계를 강화한다.

기본원칙에 따라서 산림내 생물다양성을 유지·증진하고, 서식공간 및 기능이 확보되도록 하며, 자생식물 및 자연재료를 사용함으로써 생태계 균형이 유지될 수 있도록 하고 있다. 또한 모니터링 및 평가를 통해서 산림복원의 방향성을 제시하고 있다.

산림자원의 조성 및 관리에 관한 법률 [시행 2019. 1. 8.] [법률 제16198호, 2019. 1. 8., 일부개정]

제1조(목적) 이 법은 산림자원의 조성과 관리를 통하여 산림의 다양한 기능을 발휘하게 하고 산림의 지속가능한 보전과 이용을 도모함으로써 국토의 보전, 국가경제의 발전 및 국민의 삶의 질 향상에 이바지함을 목적으로 한다.

제2조(정의) 이 법에서 사용하는 용어의 뜻은 다음과 같다.

10. "산림복원"이란 자연적·인위적으로 훼손된 산림의 생태계 및 생물다양성이 원래의 상태에 가깝게 유지·증진될 수 있도록 그 구조와 기능을 회복시키는 것을 말한다.

제42조의2(산림복원의 기본원칙) 산림복원은 다음 각 호의 기본원칙에 따라야 한다.

1. 산림생태계가 모든 국민의 자산으로서 공익에 적합하게 보전·관리되고 지속가능한 이용이 이루어지도록 한다.

2. 산림내 생물이 생태적으로 보호되고 산림생물다양성이 유지·증진될 수 있도록 한다.
3. 산림내 서식공간 및 기능이 확보되도록 지형·입지에 적합한 자생식물·자연재료를 사용하여 식생을 복원한다.
4. 산림내 생태계 균형이 파괴되거나 그 가치가 저하되지 않도록 한다.
5. 산림복원 시 계획, 모니터링, 평가의 유기적 연계를 강화한다.

제42조의3(산림복원 기본계획의 수립 등)

① 산림청장은 산림복원을 효율적으로 추진하기 위하여 산림복원 기본계획(이하 "기본계획"이라 한다)을 10년마다 수립·시행하여야 한다.

제42조의6(산림복원사업의 타당성 평가)

① 지방자치단체의 장 및 지방산림청장은 산림복원사업을 시행하기 전에 산림복원의 필요성·적합성·환경성 등 타당성을 종합적으로 평가하여야 한다.

제42조의8(산림복원지의 사후 모니터링)

① 산림청장 및 지방자치단체의 장은 산림복원사업을 종료한 후 복원목표의 달성도, 식생회복력 등에 대하여 10년 이상 모니터링을 실시하여야 한다. 다만, 대통령령으로 정하는 규모 이하의 산림복원지는 제외한다.

제42조의9(산림복원의 재료 등)

① 산림청장 및 지방자치단체의 장은 산림복원사업 시행 시 자생식물과 흙·돌·나무 등 자연재료를 사용하여야 한다.

② 산림청장은 제1항에 따른 산림복원 관련 자생식물과 자연재료의 원활한 수급을 위하여 노력하고 관련 산업을 육성하기 위한 지원시책을 수립·추진하여야 한다.

③ 제1항에 따른 자생식물 및 자연재료의 공급 등에 관한 세부적인 기준은 대통령령으로 정한다.

제42조의10(산림복원 전문 인력의 양성)

① 산림청장은 산림복원 관련 전문 인력을 양성하기 위한 시책을 수립·추진할 수 있다.

제42조의11(산림복원지원센터의 지정 등)

① 산림청장은 산림복원 정책의 개발·지원 등을 위하여 다음 각 호의 기관 또는 단체를 산림복원지원센터(이하 "지원센터"라 한다)로 지정할 수 있다.

4) 석회석광산의 복원 기준

(1) 복원의 개념

석회석광산과 같이 대규모로 개발된 곳의 복원과 관련해서는 여러 가지 기준이나 지침[1]이 제시되어 있으며, 국가나 사회경제적 여건에 따라서 매우 다양하다. 여기에서는 몇 가지 외국 자료들을 정리하여 보았으며, 이는 향후 광산 복원계획을 수립할 때 참고로 활용할 수 있을 것이다.

시멘트 생산을 위하여 석회석광산을 개발하는 첫 번째 단계는 자연지형을 훼손하면서 원자재인 석재를 불가피하게 채취하게 되는 것이다. 이러한 개발 행위는 주변의 자연환경과 지역 사회에 영향을 주게 되며, 특히 지형의 변형과 함께 수반되는 식생과 토양의 훼손 또는 제거는 지역 생태계와 유역에 큰 영향을 미치게 된다.

광산 개발로 인한 영향은 개발 완료 후 또는 개발 과정 중에서 효과적인 광산 복원계획의 수립 및 시행을 통해 그 영향을 저감시킬 수 있다. 또한 어떤 경우에는 잘 수립된 복원계획을 적용함으로서 개발 이전의 상태보다도 토지 이용적인 측면에서 환경적으로나 사회적으로 이익이 되도록 할 수도 있다.

석회석광산과 같은 대규모 개발 훼손지를 복원할 때에는 다음과 같은 사항을 미리 검토할 필요가 있다.

복원을 위해 검토할 내용

- 복원 방향
  채광 종료 부지의 활용 계획은 계획 단계에서 부터 명확하게 검토할 필요가 있으며, 광산 운영 중에도 지속적으로 검토·보완 하여야 한다. 활용 계획은 법적인 요구 사항을 준수하여야 하며, 지역 사회, 경제 및 환경(생물다양성 포함), 광산 부지의 활용에 대한 목적과 방법을 같이 고려하여야 한다. 이러한 모든 계획은 기술적으로도 재정적으로도 수용이 가능하여야 한다.

- 부지의 안정성
  광산의 복원계획은 대상지가 안전하고 안정된 상태에 있어야 함을 전제로 하고 있다. 안전은 채광 및 복원계획에서 가장 중요한 것으로 인식되어야 한다.

---

1) 참고 자료
- WBCSD. 2011. Guidelines on Quarry Rehabilitation.
- Chiristchurch City Council. 2018. Quarry Rehabilitation Plan Guidance.
- Regione Emilia-Romagna. 2011. Concise Planning Manual for the Recovery of Aggregate Quarries.
- Heidelberg Cement. 2015. Biodiversity Management in Quarries and Gravel Pits.
- Holcim. 2014. Mediterranean Quarry Rehabilitation Manual.
- GSS Environmental. 2012. Quarry Closure and Rehabilitation Plan.

- 이해관계자

  광산 개발 및 활용과 관련된 이해관계자에 대해서는 모든 단계에서 관계를 맺어야 한다. 수립된 복원계획은 이해관계자들의 기대에 부응하고 그들의 의견이나 경험, 문화와 관습에 따라서 합리적으로 조율되어야 한다.

- 환경적인 영향

  광산 개발의 결과로 발생하는 여러 가지 영향을 사전에 예측하고 그 결과를 모니터링 하여야 한다. 여기에는 공기와 물, 식물상과 동물상, 현장의 안전, 경관과의 조화, 인류의 활동과 문화유산이 포함된다.

- 채광계획과 복원계획

  복원계획은 채광이 진행되기 전에 미리 검토되어야 한다. 복원계획은 언제나 채광계획과 연동되어야 하며, 각각의 계획들은 그 목적과 우선순위에 따라 이행되어야 한다. 그리고 복원과 관련된 모니터링 계획과 적절한 피드백 조치가 전체 채광계획에 포함되어야 한다.

(2) 외부적 요소에 대한 검토

광산 개발 및 복원에는 여러 가지 요인들이 영향을 미치게 된다. 개발 및 복원 목표를 수행하는 데 있어서 자연환경과 법적인 환경이 영향을 미치게 되며, 또한 모든 단계에서 외부 이해관계자가 영향을 주게 된다는 것을 인식해야 한다.

[그림 2-3] 광산 복원계획에 영향을 주는 요소들

▶ 법적 환경

복구나 복원을 위한 계획은 관련 법규의 기준을 준수하여야 한다. 법적인 요구 사항은 일반적으로 적용될 수 있는 최소한의 기준이라고 인식하여야 하며, 최소 요건을 넘어 그 현장에 적합한 보다 강화된 기준을 자체적으로 수립하고 적용하는 것이 좋다.

광산의 복원에 관한 법적인 기준은 지역적 특성에 따라 매우 다양하다. 일부 지역에서는 매우 엄격하고 세부적인 제도적 요구 사항이 있는 반면, 다른 지역에서는 비교적 유연하기도 하다. 결국 광산이 속해있는 지역 및 사회의 법 제도에 부합되는 복원 방향이 모색되어야 한다.

또한 관련된 법제도의 틀과 규정은 끊임없이 변하고 있으며, 광산 개발은 장기간 지속되는 것이기 때문에 복원과 관련된 계획은 미래의 요구사항을 수용할 수 있도록 현재의 법적 기준보다 높은 수준으로 설정하는 것이 바람직하다.

▶ 이해관계자

이해관계자란 광산개발, 복원, 사회활동 등이 포함된 모든 프로젝트의 활동에 영향을 받거나 줄 수 있는 개인 또는 기관이다. 이해관계자는 내부(예 : 직원, 주주 등)와 외부(예 : 지역 공동체, 정부 기관, 시민단체 등)에 함께 존재한다.

이해관계자의 참여를 통해서 기업은 모든 당사자들의 지식 공유와 의견 교환을 가능하게 할 수 있다. 기업은 지역 사회의 상황을 고려한 다양한 의견의 조율을 통해서 합리적인 복원계획을 수립할 수 있기 때문에 복원에 성공할 가능성이 높다. 이해관계자의 의견을 복원계획에 포함시킨다는 것은 공공의 개념을 채광계획에 반영한다는 것으로 이해할 수 있다.

이와는 반대로 이해관계자의 참여가 이루어지지 못하고 의견이 상충된다면 기존에 수립된 복원계획도 역시 신뢰할 수가 없게 되며, 광산 운영과 기업의 활동에 부정적인 영향을 미치게 될 수도 있다. 이해관계자는 각 프로젝트 별로 특정되며, 광산에 인접한 지역을 넘어 자연과 사회 환경 그리고 상황에 따라 달라질 것이다.

이해관계자는 그 구성과 의견이 매우 다양할 것이기 때문에 복원계획의 개념과 조치 사항을 쉽게 수용하지 않을 가능성도 있다. 기업은 이해관계자가 채광계획이나 복원계획을 변경시키거나 광산 운영을 어렵게 만들 수 있는 영향력이 있다는 것을 인식하여야 한다. 따라서 이해관계자를 제대로 분석하고 그 의견을 사전에 명확하게 파악하는 것은 복원계획이 잘 수립되고, 균형적으로 이행되는지를 확인하는데 도움이 된다.

이해관계자가 참여하는 수준은 단순히 정보만을 제공하는 차원도 있으며, 이를 넘어서 적극적인 협의, 계획 수립, 의사 결정 및 파트너십에 참여하는 방안 등 매우 다양하다. 참여의 수준은 복원 단계와 이해관계자의 관심 또는 영향에 따라 달라질 것이다. 따라서 이해관계자들에게도 관련된 정보를 공유하는 것이 좋다.

이해관계자의 참여는 복원 프로젝트의 초기 단계에서만 시행되는 일회성 행사가 아니라.

광산 운영 및 복원 과정 전반에 걸쳐 이루어져야 한다. 광산 개발자와 이해관계자가 건설적인 관계로 발전하는 데에는 오랜 시간이 걸리기 때문에, 이해관계자의 의견을 듣고 정기적으로 의사소통을 하며 프로젝트 진행 기간 동안 약속을 지키는 등 상호신뢰를 기반으로 하고 있음을 인식하는 것이 중요하다.

따라서 광산 개발자는 이해관계자와의 관계 정립 및 소통 관계 프로세스에 시간과 예산을 투입할 준비가 되어 있어야 한다. 이 과정의 일환으로 기업은 광산의 운영 및 여러 가지 목표와 관련하여 인식을 공유하고 폭넓은 커뮤니티를 구성하고 운영하는데 기본적인 역할을 해야 한다. 이해관계자의 지속적인 참여는 기업이 비판적인 의견을 검토하고, 복원의 비용, 추진의 당위성, 지식 및 기술을 잠재적으로 활용할 수 있는 상생의 기회를 제공할 수 있다.

(3) 복원 단계

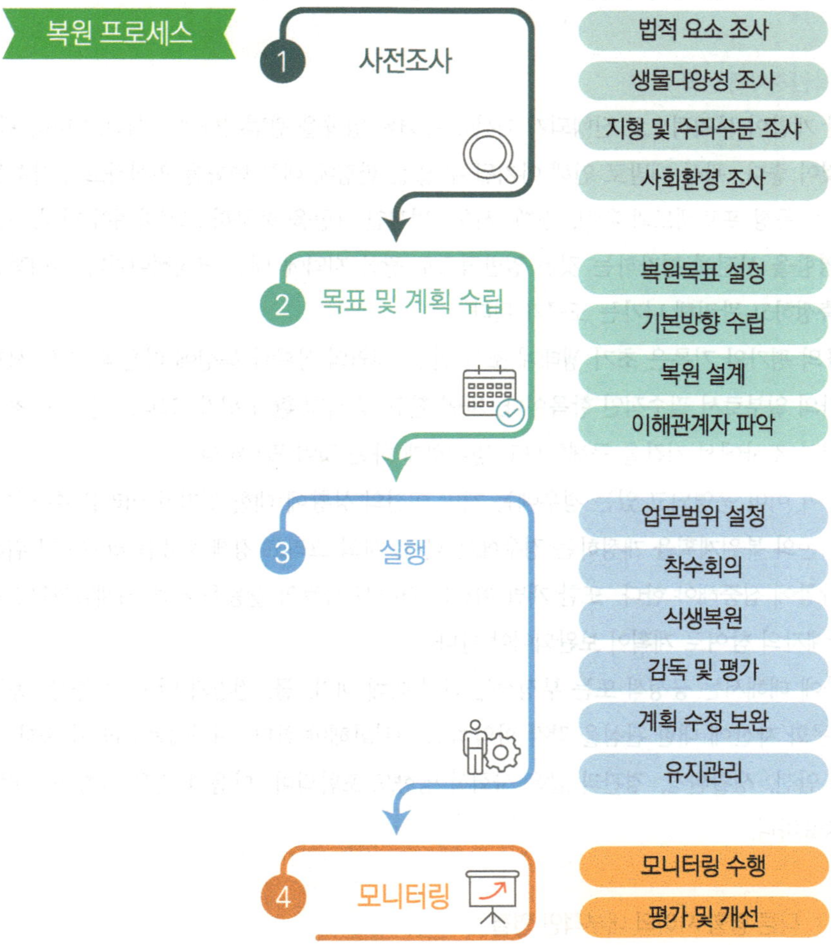

[그림 2-4] 4단계로 진행하는 광산 복원 프로세스 사례

완전하고 효과적인 복원을 위해서는 가능한 조기에 복원계획을 수립하고 시행할 수 있어야 하며, 운영 중에도 지속적으로 검토하고 갱신할 필요가 있다. 광산 복원계획은 채광 방법과 직접적인 관련이 있으므로 프로젝트의 모든 단계에서 복원에 대한 내용을 같이 검토하여야 한다.

그러나 많은 경우에 채광이 시작된 단계에서도 상당한 기간 동안 복원계획이 이행되지 않을 수도 있음을 인식하여야 한다. 기존에 수립한 복원계획은 여러 가지 이유로 크게 변경될 수도 있으며, 인허가와 관련된 사항이 되기 때문에 관계 기관의 공식 승인 절차가 필요할 수도 있다. 또한 프로젝트를 진행함에 있어서 지형, 동식물상, 복원기술 등이 제한요소로 작용할 수 있으므로 이에 대한 사전검토가 반드시 필요하다.

광산의 복원은 몇 가지 단계를 거쳐서 진행이 된다. 프로젝트 시작 단계에서는 사전조사를 통하여 프로젝트 추진 여부 및 유사 사례를 분석하고, 프로젝트의 목표 및 계획을 수립하고, 수립된 계획에 따른 실행과정을 거쳐서 모니터링이 이어지게 된다.

▶ 복원계획의 상황 파악

광산 개발이 본격적으로 진행되기 이전에 관련된 영향을 광범위하게 인식하고 미리 평가해 보는 것이 좋다. 광산 개발로 인해 야기될 수 있는 환경에 대한 변화를 인식하고 평가하는 데 있어서는 특정 프로젝트와 환경, 경제, 사회, 법적인 사항을 충분히 고려하여야 한다. 환경에 대한 영향을 사전에 평가하는 것은 일반적으로 광산 지역에 대한 긍정적이거나 부정적인 영향을 측정하고 관리해 나가는 도구가 된다.

지표의 평가와 기록은 초기 생태계 조사 연구, 지역의 상황과 특성에 따른 환경 및 사회 영향 평가의 일부로서 필수적인 항목이다. 자연 환경 및 사회 환경 평가, 그리고 별도의 초기 생태계 평가 조사에서 기간을 구체화하고 명확하게 하는 것이 필요하다.

광산이 이미 운영되고 있는 경우에는 개발 이전의 상황에 대한 평가가 어려울 수 있다. 따라서 기존의 복원계획을 개정하는 경우에는 환경, 사회 그리고 경제 지표를 확립하기 위해 현재의 상황에 집중해야 한다. 또한 개발 이전의 역사적 자료의 활용을 위해 시계열적인 조사와 이해관계자의 참여로 계획이 보완되어야 한다.

평가에 대해서는 긍정적 또는 부정적인 면에 대해 대기, 물, 건강과 안전, 식물상, 동물상, 경관, 문화 자산에 대한 관심을 각각 파악하고 수치화해야 한다. 여기에는 지역의 복지, 공중보건과 안전, 생활환경, 경관과 같은 사회적 영향도 포함되며, 다음과 같은 사항을 고려하는 것도 중요하다.

- **다른 영향 사이의 내부적인 연결**
- **계획의 2차적인 영향**

- 누적 효과
- 부지 외부에 미치는 영향 등

광범위한 영향을 파악하기 위해 외부 이해관계자의 도움을 받는 것이 좋다. 이를 위하여 기업에서는 사업과 관련된 모든 부분에 미칠 수 있는 영향을 검토하고, 조직 내에서 관련 절차를 이행할 준비를 해야 한다.

복원과 관련된 사항은 외부 요인에 한정될 수도 있다. 특히 토지 소유 형태에 따라 기업은 이해관계자들을 설득시키는데 제약을 받을 수 있으며, 복원 결과는 인허가 과정에서 현재 적용 받고 있는 특정 조건에 영향을 받을 수도 있다.

▶ 복원계획에 대한 목표 설정

복원과 관련된 미래의 비전이나 목표는 보고서의 형태로 표현되어야 한다. 이 보고서는 광산 복원에 대해 특정 목표를 명확하게 제시할 수 있어야 한다. 복원의 목표는 계획의 진행 상황을 설명하고, 결과적으로 복원계획이 잘 수립되었는지를 내부 및 외부 이해관계자에 의해 평가받는데 이용된다. 이러한 내용은 해당 광산의 독특한 상황에 따라 적용할 필요가 있기 때문에 각각의 사례는 매우 다양하게 나타날 것이다.

목표 설정의 원칙

광산 복원계획에서 제시하는 목표는 현실적이어야 한다(SMART). 광산의 복원을 위한 계획수립 절차는 프로젝트의 단계에서 가능한 한 빨리 시작되어야 한다. 일단 목표가 설정되면 복원 활동은 설정된 목표를 달성할 수 있도록 구체적으로 정의되어야 하며, 그 정의에 맞게 효율적이고 효과적으로 수행되어야 한다.

프로젝트 목표수립의 SMART 기준

- Specific : 구체적이어야 한다.
- Measurable : 정량적으로 측정할 수 있어야 한다.
- Attainable : 달성 가능한 목표이어야 한다.
- Relevant/Realistic : 적절하고 현실적이어야 한다.
- Time-framed : 기한이 있어야 한다.

목표가 명확하게 정의되어 제시됨으로써 내부 및 외부 이해관계자는 복원계획의 진행에 대한 모니터링과 이에 연계한 평가가 가능해진다. 특히 채광이 진행 중인 광산에서 주변의 현황은 복원계획 및 프로젝트의 진행 상황을 확인하기 위한 지표로 사용하는 것이 가능하다.

복원계획에서 목표는 다음 기준에 적합하도록 수립되어야 한다.

- 채광 종료 후 토지 이용의 지속 가능성
- 환경과 사회에 미치는 영향을 고려한 지역 사회(사회 및 환경)의 이익 극대화
- 경제적 실행 가능성과 지역 사회에 대한 긍정적인 효과
- 내부 및 외부 이해관계자의 요구 사항 조율
- 광산과 주변 환경의 조화
- 생물다양성의 유지 및 증진 등

목표 설정에 관한 사항

복원계획에 있어서 목표는 지역 고유의 특징을 기반으로 해야 하며, 다음의 사항이 반영되어야 한다.

- 광산 지역의 법적, 제도적 요구 사항
- 광산과 그 주변 지역의 환경 및 사회적 특성
- 채광 지역 및 주변의 생물다양성
- 그 지역의 생태계서비스
- 광산의 운영 계획
- 채광 지역 현황 및 이로 인한 영향
- 수리·수문 및 지질학적 특성
- 주변 환경을 포함한 경관의 개선
- 부지의 자연성(기능 포함) 회복
- 자연식생의 복원 및 바이오매스의 증대
- 서식지 복원 및 관리를 통한 생물다양성의 증대
- 건강과 안전에 관한 사항
- 교육 및 연구 등의 다목적 활용
- 채광 종료 후의 토지 이용 계획 등

광산 개발 초기 단계에서는 채광에 의한 영향을 미리 예측하는 것이며, 채광의 후반부에서는 광산 지역 조사와 현지 조사를 통해 실질적인 영향을 파악하는 것이다. 채광 종료 이후 미래의 토지 이용은 직간접적으로 지역의 요구에 영향을 받게 될 것이다. 따라서 광산 복원의 최종 결과는 단순히 채광 인허가 기준에만 한정되지는 않고, 이해관계자와의 상호 작용을 통

해서 상생의 결과가 도출되어야 한다.

▶ 복원계획 수립

일단 복원의 목표가 설정되면 복원계획은 그 목표에 부합되도록 수립되고, 채광계획과 연계되어 합리적으로 조정되어야 한다. 그 계획은 채광 이후에 토지 이용이 어떻게 될 것인지, 그리고 어떻게 그 채광 지역을 목적에 맞게 복원할 것인지가 구체적으로 제시되어야 한다.

복원계획은 언제나 법적, 제도적 조건에 부합하여야 한다. 계획은 기술적으로 실현 가능성이 있어야 하며 비용도 현실적이어야 한다. 또한 계획은 그 채광 지역의 환경에 영향을 받게 되기 때문에 지역 특성에 따라 다양할 것이다.

복원계획에 포함하여야 하는 세부사항

- 실행계획

  계획을 제시한 보고서에는 어떻게 목표가 달성되는지를 파악하기 위해 공식화 할 필요가 있다. 이 실행계획에는 1) 수행할 내용, 2) 프로젝트 책임자의 권한 및 책임, 3) 프로젝트 추진 일정표, 4) 모니터링 및 측정 방법과 같은 내용이 포함되어야 한다. 세부적으로는 다음의 사항이 같이 검토되어야 한다.

  √ 채광 종료 후 토지의 형상 및 이용 방법
  √ 유역과 물순환
  √ 복원을 위한 지형 및 토양처리 계획
  √ 생물다양성 유지 및 증진
  √ 복원을 위한 식물 소재의 확보
  √ 주변 환경에 미치는 영향
  √ 건강과 안전에 관련된 사항
  √ 이해관계자의 참여 계획 등

- 우선순위 및 일정

  최신의 기술정보와 이에 따른 세부적인 공정계획의 수립이 요구된다. 세부사항의 수행을 위해서는 활동의 우선순위가 결정되어야 한다. 이러한 과정은 이해관계자의 의견수렴 및 합리적인 조정을 위하여 필요하다.

- 모니터링 및 평가

  환경, 경제, 사회적 목적에 부합하는지 여부를 평가하기 위해 상세한 모니터링 프로그램이 포함되어 있어야 한다. 이러한 프로그램은 목표의 진척 여부와 결과를 측정할 수 있도록 설계되어야 한다.

- **유지관리**

  복원 활동과 광산 지역 복원 후 유지관리의 두 가지에 대한 비용 및 세부 사항이 포함되어야 한다. 실현 가능 여부는 정확한 예산계획의 수립에 달려있다. 복원계획은 필요한 경우 이해관계자와 협의를 통해 조정되어야 한다. 또한 복원 과정의 초기 단계에서 예산에 대한 불확실성을 인식하고 수치화하는 것이 중요하다.

- **책임**

  복원과 관련된 계획을 설계하고 실행하는 일을 지원할 수 있는 전담 조직이 언제, 어떻게 구성되는지가 중요하다. 담당자에게는 복원계획의 추진에 있어서 권한과 책임 범위를 명확하게 규정해주는 것이 바람직하다.

- **생물다양성과 적합성**

  광산개발로 인하여 직간접적으로 영향을 받게 되는 주변 환경에 대하여 현 수준의 생물다양성을 유지하거나 증진시킬 수 있는 계획이 수립되어야 한다. 그리고 이러한 계획은 연관된 프로젝트의 다른 목적(예를 들면 농림업, 관광 등)에도 적합하게 수립되어야 한다.

[표 2-2] 현지 조사를 통한 복원 개념 도출 사례

부지 및 주변 환경 조사	부지의 민감한 요소	복원 목표	활동
• 채석장 부지의 훼손, 생태적 회복력의 저하 • 단기간에 자연적인 복원 능력의 부족 • 자연지형의 변경 • 생물다양성이 낮음 • 자연 복원의 가능성이 낮음 • 현재 식생의 부분적인 제거 • 채광으로 인한 토양층의 부족 • 현지 야생동물 수가 매우 적음 • 생태계교란 동식물이 있음 • 우기 때의 자연강수에 의존해야 함 • 침전물이 많고 토양 산도(pH)가 높음	• 식생천이 속도가 늦음 • 토양의 함수능력이 매우 낮음 • 강수는 증발되거나 외부로 신속히 유출됨 • 물 공급은 자연 강수에 의존 • 가축들의 방목에 따른 식생 피해 • 생태계교란 동식물에 의한 고유 생태계 피해 • 식생 구조가 단순함	• 토양침식과 강우 유출을 줄임 • 주변 환경을 고려한 통합적인 경관 계획 수립 • 부지 자체의 생태적 기능 및 수용력을 높임 • 지역의 생태복원 모델 수립 • 교육 및 연구의 기회 제공 • 서식지 복원을 통한 생물다양성 증진	• 부지내 수자원 활용률 증대 • 동식물상의 순환주기를 고려하여 복원의 시간, 형태, 규모를 조정 • 천이 초기의 선구식물을 천이 후기종으로 대체하여 식생천이를 가속화 • 동식물의 밀도와 개체수를 증진시켜 성숙한 생물군집으로 유도 • 토양반입을 최소화하여 외래식물의 유입 가능성을 낮춤 • 토양에 유기질퇴비, 돌 등을 혼합하여 자연 상태의 조건과 유사하게 조성 • 가능하다면 인근의 참조생태계로부터 표토를 반입 • 현존 식생을 최대한 활용 • 종자파종 및 식재 방법 적용 • 종자 발아 및 수목 활착을 위해 강우시기를 고려하여 시행 • 넓은 범위에서의 경관적 측면 고려 • 핵심종에 바탕을 둔 장기간의 모니터링 계획 수립 • 동물종을 위한 서식지 조성 • 인력 및 기계장비 활용

▶ 복원계획의 실행

계획의 실행은 복원 사업의 주요 부분으로 간주되어야 하며, 광산의 운영과 완벽하게 통합되어야 한다. 뿐만 아니라 복원계획과 채광 이후의 활용계획은 운영 기간 동안 착수하는 활동이 복원계획을 달성하는 것을 방해하지 않도록 연계되어 운영될 필요가 있다. 복원계획을 실현하기 위하여 설정된 목표를 달성하기 위한 상세한 절차와 활동이 필요하다.

복원계획의 이행에 필요한 원칙

- 안전

  채광이 종료될 때 까지 기간시설과 설비, 그리고 폐기물은 적절히 처리되어야 한다. 필요에 따라서는 폐광 지역에 출입이 적절히 제한되어 있는지 확인하여야 한다. 채광 종료 이후 잔벽면 등의 경사지와 소단, 복토 등의 내용이 관련 법제도의 요구 기준을 충족하는지 확인해야 한다.

- 복원에 대한 자원

  계획의 효과적인 이행이 담보되도록 적절한 자원(예산, 인력 등)이 투입되어야 한다. 충분한 자원은 계획 달성에 매우 중요한 요소이기 때문에 채광 지역에 적절하고 충분히 배분되어야 한다. 직원에 대한 교육은 효과적인 복원에 대한 조직적인 능력을 보장하기 위해 필요하다.

- 진보적인 복원 기술

  복원을 위하여 필요한 진보적인 기술이 적용 가능한 곳에서는 어디서나 채택되어야 한다. 이것은 광산에서 토사유출이나 침식을 줄이고 경관을 개선하는데 유리하며, 이해관계자 사이에서 복원에 대한 신뢰성을 향상시킬 수 있다. 진보적인 기술은 미래의 복원 결과를 예측하기 위해 가능한 시각적으로 제시될 수 있어야 한다.

- 평가

  광산 복원이 진행되고 있는 사항은 정기적으로 평가되어야 한다.

- 이해관계자 참여

  이해관계자의 의견이 자원의 배분 및 복원계획의 실행에 도움이 되도록 하여야 한다. 프로젝트가 진행되는 과정 중에 정보의 공유는 이해관계자와의 관계를 개선하고 상호간의 이익을 같이 인식하는 데 도움이 될 것이다.

▶ 관리 및 모니터링

모니터링의 목적은 복원계획에 맞게 프로젝트가 진행되는지, 예산이 적절히 반영되는지 등을 확인하는 것이다. 소요 기간과 예산이 계획과 다를 경우는 그 이유를 파악하고, 필요한 경우 변경을 위한 검토가 필요하다.

모니터링의 방법(수준, 빈도 등)은 인허가와 관련된 외부의 요구 사항뿐만 아니라 내부의 실적 평가 및 가용 자원의 필요에 따라 결정된다.

모니터링

일단 복원계획이 수립된 경우 모니터링 활동은 목적과 설정한 목표에 따라 잘 수행되고 있는지를 확인하기 위해 필요하다. 그러나 이 목표를 달성하기 위해서는 확인된 영향의 정도나 시간적인 제약에 상응하는 노력을 요구한다.

모니터링은 복원계획에 포함되어야 하며, 이 복원계획에 따라 수행되어야 한다. 또한 모니터링에 필요한 예산은 충분한 반영되어야 한다.

모니터링의 목적 및 요소

- 모니터링 목적
  - √ 복원계획의 설정 목표에 대한 수행도 측정
  - √ 적용된 기술의 성공 여부 측정
  - √ 시정 조치 수행 여부 확인
  - √ 복원계획의 장기적인 효과 평가
  - √ 모니터링 기간과 이전 계획 등

- 모니터링 요소
  - √ 정보의 수준과 영향
  - √ 복원 목표 달성을 위해 계획된 활동에 대한 설명
  - √ 그 지역과 주변 상황에 맞는 기준
  - √ 취약지역에서는 더욱 완벽한 기준으로 참조생태계의 모니터링 수행
  - √ 복원 절차의 문서화와 작업이 완료된 후 및 장기간에 걸친 모니터링 수행
  - √ 환경과 사회·경제적 요인을 모두 고려한 모니터링 프로그램
  - √ 모니터링 결과의 체계적인 기록 수단 등

채광 중에 진행하는 모니터링은 예산을 절감하고 채광 완료 후 복원 활동의 책임 인수인계에 대한 준비과정이라고 할 수 있다. 채광 이후 모니터링은 지역이 안전하고 지속 가능한 상황이며, 복원 목표가 달성된 것을 확인 할 수 있도록 준비되고 실행되어야 한다. 또한 취약지역의 모니터링은 내부 또는 외부의 자원과 지역 전문가의 참여를 포함하여 투명하면서도 과학적으로 정확한 절차가 적용되어야 한다.

⊙ 채광 완료 후 관리

가능하다면 복원에 대한 책임의 이전뿐만 아니라 복원 이후 지역의 장기적인 경영계획도 구체화할 필요가 있다. 이에 대해서는 관련 기관과 이해관계자가 공동으로 검토하여야 한다.

관리의 책임과 이전은 명확하게 인식되어야 한다. 필요한 경우 별도의 채광 종류 후 복원 및 활용을 위한 계획이 새롭게 수립될 수도 있다.

⊙ 관리 및 모니터링에 이해관계자 참여

이해관계자는 그들의 경험, 기술에 의해 모니터링 과정에 도움을 줄 수 있으며, 복원 작업의 성공에 필요한 자원이 계획의 진척 상황과 일치하는지 여부도 검토할 수도 있다. 적절하다고 판단되는 경우 외부 이해관계자를 복원 지역의 지속적인 관리에 참여하도록 해야 한다. 따라서 이해관계자가 복원계획 수립부터 참여하도록 하는 것이 바람직하다.

이것은 또한 복원 활동의 궁극적인 목적, 그리고 책임이 제3자에게 이전된 후에도 복원목표의 연속성을 확인할 수 있도록 한다.

▶ 예산계획

복원과 관련된 비용은 광산의 운영 예산에 포함되어야 한다. 이러한 비용은 광산 개발 초기의 예산 계획에 포함되어야 하며, 프로젝트의 진행과정을 통해 적절하게 조정되어야 한다.

장기간에 걸쳐서 운영되는 광산의 사후 복원 비용을 초기 단계에서 완벽하게 계획하는 것은 어렵다. 복원 비용에 영향을 미치는 주요 요소의 파악과 함께 어떻게 이러한 요소가 변하는지를 설명하는 것은 도움이 된다.

예산계획에는 주요 비용 항목이 고려되어 새로운 경관 조성, 지형 관리(발파, 성토, 굴착, 지표수 관리), 서식 환경 조성(산림, 초지, 경작지) 그리고 장기간의 유지관리 등이 포함된다.

그 광산의 조업에 대한 예산이 제대로 확보되고 있는지 확인하여야 하며, 광산의 전체 운영기간 동안 기업 회계 기준에 준하여 계정이 매년 적절하게 충당되는지 확인하는 것도 중요하다.

광산 생태복원 프로젝트의 성공요인 분석 사례

광산의 생태복원 프로젝트에서 복원 목표 달성 및 성공을 위한 핵심 요인을 프로젝트 보고서 분석을 통하여 정리하면 다음과 같다. 성공 요인들은 누구나 어렵지 않게 이해할 수 있지만 이를 실행하는 것이 어려운 점이라는 것을 생각해볼 필요가 있다.

- 생태복원의 가장 중요한 목적은 복원 전과 후의 차이를 줄이는 것이다. 이를 위해서는 복원 사업이 적용되기 이전의 상태와 그 이후의 상태를 주변의 참조생태계와 비교하는 것이 필요하다.
- 훼손된 생태계를 대상으로 수술적인 처방과 같이 생태적인 개입을 해야 한다는 것이다. 성공의 요소는 핵심종과 같은 대상을 복원 목표를 평가하는 지표로 활용하면서 생물다양성 평가를 수행하는 것이다.
- 복원 과정에서 중요한 단계는 자기조직화가 가능한 생태계를 만드는 것이다. 이는 주변의 참조생태계와 유사하게 생태계의 기능과 효율을 높이도록 하는 것이다.
- 예상하지 못한 어려운 문제가 발생할 수 있기 때문에, 이 경우에 사용할 수 있는 별도의 예산 및 집행 프로세스를 가지고 있어야 한다.
- 유연성 또한 성공의 핵심 요소이다. 특히 자연환경을 대상으로 하는 일은 완벽할 수 없기 때문에 상황에 따라 유연하게 대처하는 것이 중요하다.
- 프로젝트의 초기 단계에서 목표를 간결하게 수립하여야 한다. 그리고 공정상의 시간 계획을 준수하는 것이 좋다.
- 복원을 수행하기 위한 전담 조직의 구성이 필요하며, 팀의 협동과 헌신, 그리고 꾸준한 후속조치들이 성과를 효율적으로 달성할 수 있게 한다.

3. 주변 환경에 대한 영향

대규모 광산을 개발할 때에는 개발지역의 토지 이용 상태가 변하고 식생이 훼손되는 1차원적인 영향 외에도, 광산 개발로 인하여 주변 생태계가 직·간접적으로 영향을 받게 되는 2차적인 측면도 같이 고려하여야 한다. 대규모 개발사업은 광산이 운영되는 오랜 기간 동안 대기, 수질, 소음, 진동, 생태 등 매우 다방면으로 걸쳐 영향을 미치며, 그 영향 범위는 우리가 생각하는 수준을 넘어서 매우 광범위할 것이다. 따라서 사업에 따른 영향을 사전에 미리 예측하여야 하며, 또한 사후 환경영향을 지속적으로 모니터링하고 평가하는 것이 중요하다. 그리고 모니터링 결과는 광산 복원계획에 연계되도록 하여야 한다.

03

주변 환경에 대한 영향

1) 기본 개념

"환경영향평가법" 제35조(협의내용의 이행 등), 제36조(사후환경영향조사) 및 제39조(협의내용의 관리·감독)에 따르면 사후환경관리는 크게 협의내용 이행을 위한 구체적 수단이 되는 협의내용 관리와 사업시행이 환경에 미치는 영향을 조사하는 사후환경영향조사로 구분 할 수 있다.

사후환경관리는 개발사업의 수행으로 인한 환경의 변화와 그 영향에 대한 모니터링, 관리 및 감독, 사후환경영향조사 등의 과정을 포함하며, 이를 통하여 환경영향평가 협의 시 제시된 환경영향에 대한 예측 및 저감방안의 수립이 적정하게 이루어졌는지 파악하고, 공사 및 운영 시 발생할 수 있는 환경영향을 조사하여 환경피해를 방지하는데 그 목적이 있다.

[그림 3-1] 사후환경관리의 구분

개발사업이 진행되기 전에는 환경영향평가 등을 통해서 사업에 따른 직·간접적인 영향을 미리 예측하고, 이를 저감할 수 있는 방안을 모색하게 된다. 그러나 사업시행을 하기 위한 환경영향평가 등은 제대로 수행하고 있는 반면 사업이 진행되는 과정, 또한 사업이 완료된 이후에 주변 환경에 대한 영향을 지속적으로 면밀하게 분석·평가하고 있는 사례는 그리 많지 않다.

옥계 석회석광산의 경우 백두대간에 인접해 있고, 또 생태적으로 중요한 곳이기 때문에 광산개발로 인한 영향을 파악하는 것은 중요한 사항이다. 이를 위하여 관련 분야의 전문가들이 참여하여 광산개발이 주변에 미치는 영향을 매년 조사·분석하고 있으며, 이러한 자료들은 생태복원 과정을 평가하고 목표를 달성해나가는데 매우 중요한 도구로 활용되고 있다.

2) 사후환경영향 조사

(1) 조사 개요

이 현장에서는 “환경영향평가법” 제36조의 규정에 의하여 “옥계 석회석광산 개발사업”의 사후환경영향조사를 실시하고 있다. 조사에는 각 분야의 전문가들이 참여하고 있는데 환경영향평가 대상사업의 착공 후 발생될 수 있는 환경의 피해를 방지하기 위하여 협의내용에 따른 평가항목을 조사하고, 정밀분석 및 피해 영향을 예측하여 적절한 저감대책을 수립하고 시행함으로서 주변 환경에 미치는 영향을 최소화하기 위하여 수행하고 있다.

환경영향에 대한 조사에서 사업 실행으로 인해 필연적으로 주변 환경에 영향을 미칠 것으로 예상되는 항목인 수질, 대기질, 토양, 소음·진동의 경우에는 현지측정을 실시하여 결과를 토대로 환경기준과 비교·검토하여 저감대책을 수립하며, 동·식물상, 지형·지질, 폐기물에 관해서도 주기적으로 현장조사를 수행하여 자료를 확보하도록 하고 있다.

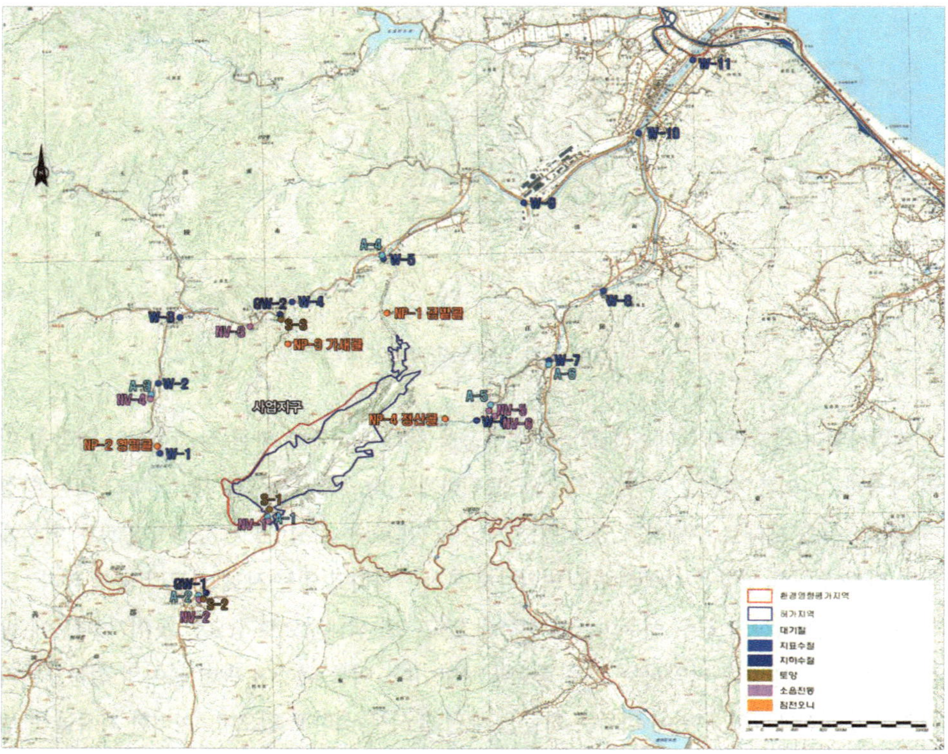

[그림 3-2] 사후환경영향조사 지점

[표 3-1] 옥계 석회석광산의 사후환경영향조사 일반 현황

사업명(사업유형)	옥계 석회석광산 개발사업 (토석·모래·자갈·광물 등의 채취)
사업장소재지	강원도 강릉시 옥계면 산계길 225
사업자(시공사)	한라시멘트주식회사
협의기관 및 협의내용관리기관	원주지방환경청
승인기관	동부지방산림청
평가 협의일	2003년 08월 13일
재(변경)협의일	2017년 07월 25일
사업계획 승인일	2003년 11월 18일
착공(예정)일	2003년 11월 18일
준공(예정)일	채광완료시 까지
사업규모	750,000㎡ (연간 9,400,000ton)
공정률(%)	59.7% (44.7/75ha)
환경영향조사기간 (전체)	2003년 06월 ~

(2) 사후환경영향조사 종합 평가

사후환경영향조사 항목은 대기, 수질, 토양, 소음, 동식물 등으로 다양하며, 2018년에 실시한 조사결과를 정리하면 다음과 같다.

▶ 대기질

- A-1~6지점에 대한 대기질 현황 조사결과 NO_2 0.010~0.024ppm, PM-10 14.5~46.7㎍/㎥, PM-2.5 28.7~47.3㎍/㎥으로 조사되어 3개 항목 모두 전 지점에서 대기환경기준을 만족하는 것으로 나타남
- 사업지구 내 세륜, 세차시설 설치, 살수차 수시 운행, 진입도로 포장, 규제속도 준수 등 대기저감 방안을 이행중임

▶ 지하수질

- 지하수(GW-1~2지점)에 대한 분기별 조사결과, pH 6.3~8.1, $KMnO_4$소비량 0.3~4.3㎎/L, 경도 7.1~245.6㎎/L, TS 26~419㎎/L, NO_3^-N 0.3~3.0㎎/L, Cl^- 2.4~15.1㎎/L, 탁도 0.15~0.42NTU, 색도 1도 이하, 냄새 무취, 맛 무미, SO_4^{2-} 불검출~68.0㎎/L, Zn 불검출 ~0.047㎎/L, F 불검출~0.22㎎/L, Fe 불검출~0.089㎎/L, Al 불검출~0.04㎎/L, NH_3^-N, Cr_6^+, Cd, As, Hg, CN, Mn, Cu, Se, TCE, PCE, Pb, ABS, Phenol, 일반세균, 총대장균군 등은 불검출 되어 먹는 물수질 기준을 만족하는 것으로 조사되었음

▶ 침전오니

- 침전오니(NP-1~4지점)에 대반 반기별 조사결과 pH 5.4~8.0, Pb 2.9~95.3㎎/㎏, Cu 1.39~12.09㎎/㎏, As 불검출~21.52㎎/㎏, Cd 불검출~3.02㎎/㎏, TS 68.3~87.8%, VS 0.3~9.1%, TPH, Hg, Cr_6^+, CN, PCB, 벤젠, 톨루엔, 에틸벤젠, 크실렌, TPH, 유기인, 페놀 항목은 불검출로 조사되었음

▶ 지표수질

- 지표수(W-1~11 점)에 대한 분기별 조사결과, pH 7.3~8.2, DO 7.3~10.8㎎/L, BOD 0.1~2.8㎎/L, SS 0.2~7.0㎎/L, COD 0.4~4.2㎎/L, T-N 0.1.211~7.473㎎/L, T-P 0.001~0.049㎎/L, NO_3^-N 불검출~6.038㎎/L, NH_3^-N 불검출~1.206㎎/L, 총대장균수 10~3,800/100ml, NO_3^-N 불검출~2.284㎎/L, ABS, CN, Cd, Cr_6^+, As, Hg, Pb은 불검출 되었으며, 환경기준(하천) 매우 좋음~보통의 수질을 만족하는 것으로 조사되었음
- 지표수(W-1~11지점)에 대한 강우시(반기) 조사결과, pH 7.9~8.4, DO 8.7~9.5㎎/L, BOD 0.1~0.7㎎/L, COD 0.4~1.8㎎/L, SS 0.5~15.5㎎/L, 총대장균군 10~60, T-N 1.776~5.637㎎/L, T-P 0.005~0.146㎎/L, NO_3^-N 0.801~3.388㎎/L, NH_3^-N , NO_2^-N , Cd, As, Cr_6^+, Pb, Hg, CN, ABS 등은 불검출 되었음

▶ 토양

- 토양(S-1~3지점)에 대한 분기 조사결과 pH 4.9~9.3, Pb 불검출~45.8㎎/㎏, Cu 0.014 ~ 20.0㎎/㎏, As 불검출~4.41㎎/㎏, Cd 불검출~3.17㎎/㎏, TS 71.6~95.5%, VS 2.2~25.1%, TPH, Hg, Cr_6^+, CN, PCB, 벤젠, 톨루엔, 에틸벤젠, 크실렌, 유기인, 페놀 항목은 불검출 되어, 전 지점에서 토양우려기준을 만족하는 것으로 분석되었음

▶ 소음·진동

- 소음·진동(NV-1~5지점)을 분기 측정 결과 주간소음 41.0~52.0㏈(A), 야간소음 37.0~43.0㏈(A), 주간 진동 11.0~29.0㏈(V), 야간 진동 11.0~25.7㏈(V)로 생활소음·진동 규제기준을 모두 만족하는 것으로 분석되었음
- 발파소음·진동(NV-2.3.6지점)을 분기 측정 결과 발파소음 46.8~59.3㏈(A), 발파진동 30.7~43.4㏈(V)로 생활소음·진동 규제기준을 모두 만족하는 것으로 분석되었음

▶ 지형·지질

- 채광으로 인한 토사유출을 방지하기 위해 가배수로, 침사지, 토사유출 방지보를 설치하여 운영 중이며, 토사유출과 우려지역은 토사유출 방지둑을 1.5m 이상 설치하여 관리 중임
- 채광시 사면의 안정을 위하여 소단의 높이를 낮추어 계단식으로 채광을 하고 있으며, 광산복구 모니터링위원회 운영 및 자문을 받아 생태복구 기본계획(2014년)을 수립하여 관계기관과 협의를 완료한 후 생태복구를 시행하고 있음

▶ 친환경적 자원순환

- 채광지역내 간이 화장실을 설치하여 사용 중이며 사업지구 내에 광산사무실에 화장실이 설치되어 있으며 발생분뇨는 전량수집, 위탁처리하고 있음
- 사업장에서 발생하는 재활용 가능한 폐기물은 분리수거하였다가 재활용 폐기물 처리업체에 전량 위탁처리하고 있음
- 사업장에서 발생하는 폐유는 폐유저장시설을 설치하여 위탁처리 하고 있음
- 채광시 발생하는 폐석은 대부분은 채광지역 폐석적치장에 사면구배를 두고 적치하고 있으며, 기존 채광완료지역의 광산 사면처리 지형복구에 활용중임
- 별도의 임목폐기물은 발생하지 않고 있음

▶ 동·식물상

- 2018년 사업지구 및 주변지역에 대한 식물상, 동물상(포유류, 조류, 양서류, 파충류, 곤충류 등), 수서생태계(식생 및 식물상, 육수동물) 조사를 실시하였음
- 2010년부터 확인된 관속식물을 살펴보면 2010년에 75과 251분류군, 2011년에 70과 202분류군, 2012년에 73과 141분류군, 2013년에 74과 252분류군, 2014년에 72과 328분류군, 2015년에 45과 117분류군, 2016년에 93과 436분류군, 2017년에 101과 467분류군이 조사되었음
- 2018년은 이식장, 복구지역을 중심으로 계절별 조사를 시행하였음. 101과 472분류군이 조사되었으며, 시기별로는 6월에 98과 405분류군, 9월에 93과 414분류군이 조사되었음
- 또한 원주지방환경청과 업무협약을 실시하여 멸종위기복원사업(붉은점모시나비 등) 등을 실시하고 있음
- 2018년 조사지역에 분포하고 있는 외래식물은 총 10과 36분류군으로 나타났고, 귀화율 7.63%, 도시화지수 11.21%로 확인되었음. 생태계교란생물은 돼지풀, 미국쑥부쟁이 총 2분류군이 조사되었으며, 대규모 군락은 분포하지 않았음. 일부 돼지풀은 야생식물 이식장(3) 제초시에 제거하였음. 주기적인 모니터링을 통하여 대규모 군락 발생시 적절한 관리방안을 통해 제거할 계획임
- 사업지구내 수목이식 현황, 중요식물종 보전대책에 대한 조사를 위해 수목이식장(I, II), 야생식물 이식장(1, 2, 3이식장) 등 5개소에서 조사를 실시하였음
- 2018년 총 3회에 걸친 조사결과 사업지구 및 주변지역에서 노루, 멧돼지, 고라니, 너구리, 청설모 등의 서식이 확인되었으며, 총 5목 10과 16종으로 나타났음
- 법정보호종으로는 멸종위기 야생생물 II급인 삵, 담비, 하늘다람쥐(천연기념물 제328호)가 지속적으로 확인되고 있음
- 조류는 2018년 2월 실시한 조사에서 총 5목 19과 29종 236개체가 관찰되었고, 4월 조사에서는 총 4목 17과 25종 173개체, 7월 조사에서는 총 7목 20과 28종 139개체가 관찰되었음. 2018년 조사에서 법정보호종 조류는 관찰되지 않았음
- 양서·파충류에 대한 조사결과 도롱뇽, 무당개구리, 청개구리, 참개구리, 옴개구리, 북방산개구리 등 4과 6종의 양서류와 줄장지뱀, 아무르장지뱀, 무자치, 누룩뱀, 유혈목이, 쇠살모사, 까치살모사 등 3과 7종의 파충류가 조사, 집계되었음

- 2018년 조사에서 법정보호종 양서·파충류는 확인되지 않았음
- 2018년 조사에서 육상곤충은 남양천 일원에서 59과 130종, 주수천 일원에서 61과 130종, 주변 산림에서 63과 132종이 확인되었음
- 2018년 조사에서 법정보호종 육상곤충류는 확인되지 않았음
- 2018년 조사결과, 남양천과 주수천의 총 9개 지점에서 확인된 담수어류는 총 6과 10종이 조사, 집계되었음
- 법정보호종은 조사지점 J4에서 가시고기 1종이 조사되었으며, 한국고유종(korean endemic species)은 참갈겨니, 참종개, 꺽지 등 총 3종으로 30%의 비교적 낮은 고유화빈도(전체 출현종수 대비 한국고유종 출현비율)를 나타냈음. 한편, 환경부에서 생태계교란생물로 지정한 외래도입종은 확인되지 않았음
- 2018년 조사결과, 남양천과 주수천의 총 9개 지점에서 확인된 저서성 대형무척추동물은 총 46과 78종이 조사, 집계되었음
- 비곤충류는 12종(15.38%), 곤충류는 66종으로 이중 하루살이목 23종(29.49%), 날도래목 18종(23.08%), 파리목이 7종(8.97%), 잠자리목이 6종(7.69%), 노린재목이 5종(6.41%), 강도래목이 3종(3.85%), 딱정벌레목, 뱀잠자리목이 각각 2종(2.56%)으로 구분되었음

[표 3-2] 사후환경영향평가 협의내용 이행현황 사례

국도42호선 경관벽 설치

토사유출방지둑

야생식물 제1이식장

야생식물 제2이식장

콘크리트 댐(영밀)

콘크리트 댐(증산골)

복구지(1)

복구지(2)

복구지(3)

세륜세차시설

살수차 운영

속도규제 표지판(1)

속도규제 표지판(2)

이송장치 덮개

화약취급소

가배수로(1)

가배수로(2)

오수처리시설 현황(1)

오수처리시설 현황(2)

오수처리시설 현황(3)
_2호광산 우수분리시설

폐기물처리현황(1)_분리수거함

폐기물처리현황(2)_분리수거함

폐기물처리현황(3)_지정폐기물보관소

폐기물처리현황(3)_간이화장실

진입도로 포장

계단식채광

붉은점모시나비 먹이식물 식재

먹이주기 행사
(원주지방환경청, 야생동물연합,
한라시멘트 공동행사)

멸종위기 야생생물 복원사업
(붉은점모시나비)
(원주지방환경청, 야생동물연합,
한라시멘트, 홀로세생태연구소 공동)

멸종위기 야생생물 복원사업
현황판

3) 경관영향 저감

▶ 현황 분석

대규모 광산개발로 인한 영향에는 산지경관의 변화가 있다. 숲으로 이루어져 있던 산지가 채광지로 개발되면서 녹색의 경관이 암석이 노출된 형태로 바뀌게 되고, 이로 인해 광산 내부 및 외부에서 보는 경관이 나빠지게 된다. 따라서 광산의 복원을 도모할 때에는 자연생태적인 측면 외에도 경관 악화의 문제를 해결할 수 있도록 노력해야 한다.

이 현장에서는 사업지구 및 주변 산림지역에 대하여 사업시행과 산림복구에 따른 경관영향을 검토하였다. 사업지구 주변 취락지 및 주요시설(IC, 주변도로 등)에서 사업시행에 따른 경관영향을 검토하였으며, 이를 통하여 경관영향 저감방안을 수립하고 시행하였다.

[표 3-3] 사업대상지 경관현황의 분류

구분		경관현황
자연 경관 자연 경관	산림녹지 경관	• 사업지구는 자병산 줄기에 위치하고 있으며 주변 능선축으로 위치하고 있음 • 주변지역에는 석병산, 생계령, 매봉산, 백복령 형제봉 등이 위치하고 있으며, 석병산 생계령-백봉령을 이어지는 백두대간정맥이 남서측에 위치하고 있음
	수 경관	• 사업지구 주변에 지방하천 주수천 및 남양천이 사업지구 북측 및 동측에 위치하고 있고, 동측으로 동해바다가 있음
도시 경관		• 북동측으로 옥계면 소재지와 한라시멘트 공장이 위치하고 있음 • 도로현황은 동해고속도로, 국도42호선, 옥계로, 산계길, 국도7호선 등이 주변에 위치하고 있고, 영동선이 해안을 따라 위치하고 있음
농촌 경관		• 사업지구 중심으로 산계리, 남양리, 군대마을, 망상동(망상IC) 등이 위치하고 있음
역사 문화 경관		• 사업지구 북측으로 종선각, 비선굴, 동대굴, 남대굴, 천연기념물(굴참나무 군락), 옥계굴, 산계리 3층석탑이 위치하고 있음

▶ 조망점 분석 및 저감대책 수립

경관 문제를 해결하기 위해서는 광산 외부에서 광산 개발지역이 보이는 곳에 대한 검토가 필요하다. 우선 경관변화에 따른 영향을 검토하는 기준이 되는 조망점 선정을 위해서 조사된 경관자원의 분포특성과 경관적 가치, 거리, 조망방향 등을 판단하여 예비 조망점을 다음의 기준에 따라 선정하였다.

√ 주요 건축물 및 주요 지형지물 주변, 문화재 주변 지역의 주요 경관자원과 해당 지역이 잘 조망되는 전망대(산봉우리, 파노라마), 진입부 등의 조망점 선정

√ 이용밀도가 높은 주요 도로 및 교차로, 오픈스페이스, 이용자 밀집시설 등의 조망점 선정

√ 가시거리에 따라 근경(0.5㎞ 이내), 중경(0.5~1㎞ 이내), 원경(1~2㎞ 이내)의 조망점 선정

이 현장에서는 가시지역 분석 결과를 근거로 경관적으로 중요한 조망점을 선정하였다. 조망점 선정 기준에 따라 예비 조망점 15개소를 선정하여 가시권 분석을 실시하였으며, 이들 조망점에 대한 현장 답사 및 예비 조망점 현황분석을 실시하였다.

예비 조망점을 대상으로 생태적 건강성, 경관성, 민감도, 방해요소 등의 항목에 따라서 각각의 평가지표를 적용하여 평가치를 최종 점수로 환산하여 조망점을 선정하였다. 예비 조망점 가시권 분석 및 현장조사 결과를 종합하여 자연 차폐되는 조망점을 제외한 최종 조망점을 선정하였으며, 기존 6개 조망점에 1개소를 추가하여 총 7개소로 확정하였다. 각 조망점별로는 광산내부 및 외부 경관으로 구분하여 구체적인 경관개선 계획을 수립하였다.

구분	생태적 건강성	경관성	민감도	방해요소	등급
A	10	14	5	8	4등급 (37점)
B	10	14	5	10	4등급 (39점)
J	10	14	5	8	4등급 (37점)
L	10	14	5	7	4등급 (36점)
M	10	18	5	2	4등급 (35점)
N	10	18	5	2	4등급 (35점)
O	10	14	5	8	4등급 (37점)

[그림 3-3] 예비 및 최종 조망점 선정

다음은 대표적인 조망점에서의 경관분석 및 저감대책 수립 내용이다.

구분	주요내용			
현황사진	 여름 / 겨울 / 위성사진(조망점)		- 백복령과 인접한 42번 국도변 지역임. - 도로변 약 20m 구간에서 광산 일부 지역이 조망되고 있음.	
개선목표	광산외부 도로변에 경관벽 설치 및 식재 (가로경관)			
저감방안	이행계획		조치결과	

	- 도로변 경관벽 설치 (높이 3m x 길이 20m) - 경관벽은 지역의 자연경관 및 산림특성을 고려하여 목재 재질로 선정 ☞ 국토관리사무소로부터 도로점용허가를 득하여 경관벽 설치 완료(2014.5.30)			

[그림 3-4] 조망점 A에서의 분석 및 저감대책 (백복령 42번 국도 인근 / 약 0.28㎞)

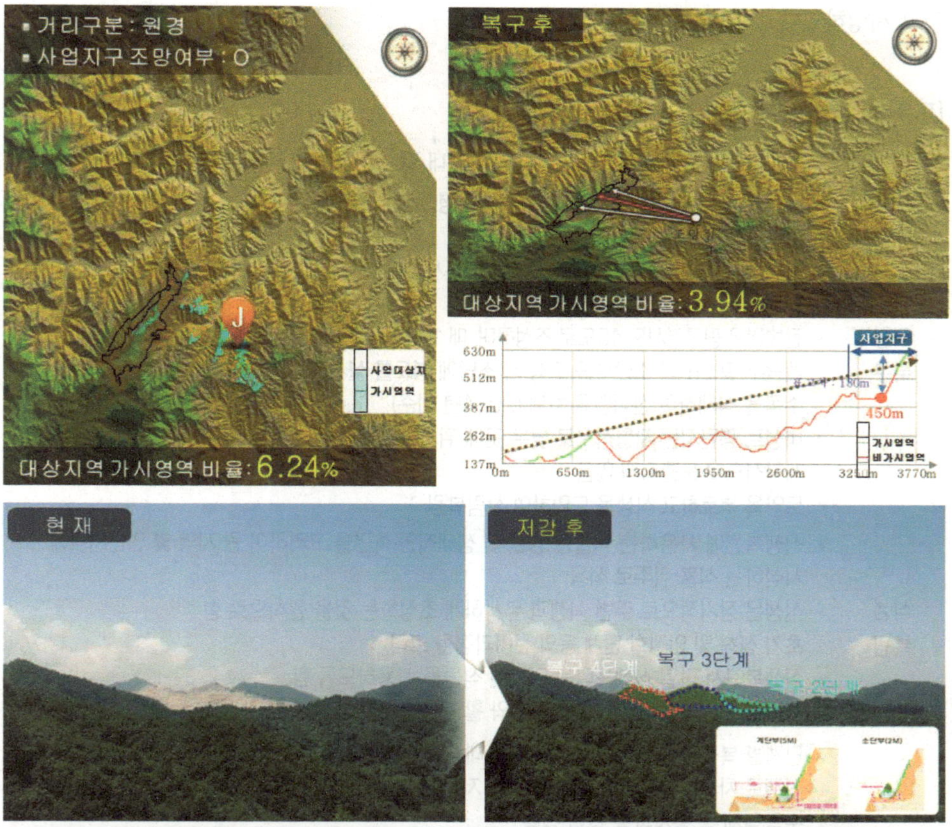

구분	주요내용				
현황사진				- 옥계 지방도로변 남양지역 도로변 지역임 - 도로 곡선 40m 구간에서 수목 사이로 광산 일부 지역이 조망되고 있음.	
	여름	겨울	위성사진(조망점)		
개선목표	옥계 지방도로변 차폐식재 (가로경관)				
저감방안	이행계획		조치결과		

	차폐식재 개념도	차폐식재 사례	차폐식재	차폐식재	
	- 지방도로변 경관식재(해발 140m 로 참나무류, 소나무 우점) - 우점종인 참나무류와 소나무 위주로 적용하며, 조기 차폐를 위하여 속성수 혼합식재 (참나무류 10주, 소나무 20주, 오리나무 10주- H 2.0m 이상, 1m 간격 2열 교호 식재) ☞ 강릉시로부터 도로점용허가를 득하여 차폐식재 완료(2014.5.30)				

[그림 3-5] 조망점 J에서의 분석 및 저감대책 (효명동 서북측 옥계로 / 약 2.49㎞)

각 조망점 분석을 통하여 종합적인 경관저감대책을 수립하였다. 저감대책은 지형 및 식생 복원, 잔벽면 식재, 스카이라인 등을 우선 고려하였으며, 광산 외부에서의 저감대책을 수립하고 시행하였다.

[표 3-4] 조망점 분석을 통한 종합대책 검토

구 분	내 용
지형 복구	• 지형은 폐석성토 경사지, 잔벽면, 비성토 평탄지의 3유형으로 조성 • 폐석을 쌓아서 1:2 이상으로 원지형과 유사하게 조성하고 식재 • 잔벽면은 평균경사도 45도로 조성하며, 매 15m 마다 5m의 계단부 및 2m의 소단부를 조성 각 소단에 복토를 실시하여 수목을 식재하여 잔벽면을 차폐 (2014년 기준) • 비성토 평탄지는 지형적으로 낮은 곳에 위치하여 외부에서 시각적으로 노출되지 않음 • 토양을 복토하고 식생을 도입하여 산림복원 
식생 복원	• 식생복원에 사용하는 식물은 경관 및 생태적인 측면을 고려하여 원 지역 및 인근지역에 서식하는 식물 위주로 적용 • 식생은 장기적으로 주변 식생과 유사하게 조성하는 것을 원칙으로 함 • 초기 정착 및 안정화 단계 등의 천이과정을 고려 • 식생복구시 단일 식생보다는 다양한 식물을 사용하도록 함 • 경관적 다양성을 고려하여 침엽수와 활엽수를 혼합
잔벽면 식재	• 단계별 복원계획에 우선하여 채광장 내부에 덩굴식물의 식재로 차폐효과를 높여 경관영향을 저감 • 수목식재 및 종자파종 방법 적용 • 잔벽면은 가급적 생장이 빠른 수목 위주로 적용 • 바람에 의한 수목의 전도 등을 고려(수고 2m 이하 규격) • 폐석성토 경사지 및 비성토 평탄지에는 목표종과 선구종을 혼합 • 현지 자생종을 중심으로 선정하여 종자 파종 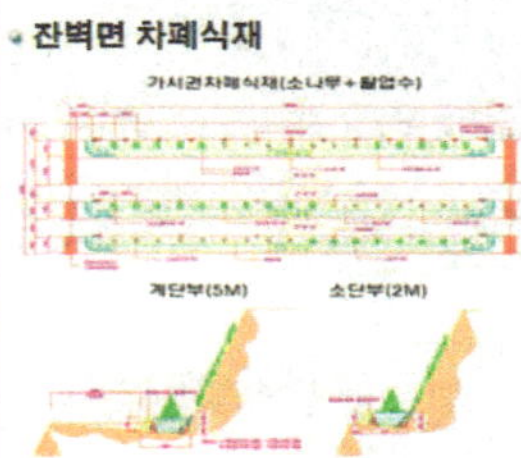
스카이 라인	• 최종 개발 및 복원 단계에서는 매끈한 채광면이 수평으로 노출되지 않도록 함 • 가급적 원지형 및 주변지형과 조화를 이루도록 검토함 • 개발은 상부에서 하부로 진행하여 채광 완료 즉시 스카이라인이 노출되는 부분에서 부터 식생이 피복되도록 조치함 • 일률적인 식재면이 두드러지지 않게 자연스러운 경계선이 되도록 다양성을 고려하여 배치함 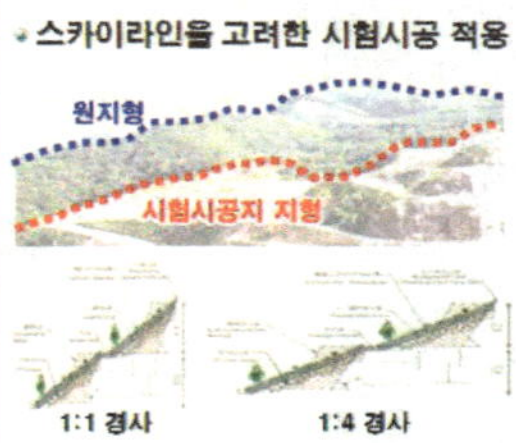
채광지 외부 저감방안	• 조망점 A(국도), 조망점 J(지방도)는 도로에서 일부 노출이 되는 곳이므로 도로변 식재를 통하여 경관영향 저감 계획 • 식재 수목은 도로변에 생육하고 있는 수목과 유사한 수종을 선정 • 단일 식재 보다는 다층구조의 수림대를 조성 • 차폐수림대는 동절기 차폐효과를 높이기 위하여 침엽수와 활엽수를 혼식

[그림 3-6] 경관개선 종합계획도

석회석광산의 생태적 복원

4. 안정을 고려한 복원

최근 기상이변 및 자연환경의 변화에 따른 재해의 발생빈도가 높아지고 있으며, 집중호우나 지진과 같이 예측할 수 없는 일이 발생할 가능성이 커지고 있다. 대규모 개발지역에서는 재해가 발생할 경우 사업지 내부에서의 문제뿐만 아니라 그 주변에 미치는 영향이 클 수밖에 없으며, 광산 내부의 작업자뿐만 아니라 주변 지역에 인명과 재산에 직접적인 피해를 줄 수 있는 가능성이 높다. 따라서 채광 과정 중에서 지형의 안정성 확보를 최우선으로 하며, 주기적으로 지형의 변화 상황을 모니터링 해야 한다. 또한 복원에 있어서도 자연재해 등에 대한 영향을 미리 파악하고, 이를 저감할 수 있는 대책 수립 및 적용이 필요하다. 지형복원은 개발 이전의 유역 분포를 고려하여 원수계를 복원하도록 하며, 복원하는 지형은 가급적 원지형과 유사하면서 식생복원이 가능하도록 조성하는 것이 바람직하다.

04

안정을 고려한 복원

1) 안정을 고려한 계획 수립

생태는 땅을 근간으로 해서 시작이 된다. 지금까지 생태복원이라고 하면 단순히 지상부에 식물을 심어서 자라게 하면 된다는 인식이 대부분이었다. 그러나 생태복원의 관점에서 볼 때 단순히 식물만 도입한다고 하는 것은 가시적으로 효과는 있을지라도 식물이 자랄 수 있는 기반이 불안정하기 때문에 식생의 영속성이 떨어질 수 있다.

지구의 생성 역사를 거슬러 가면서 현재의 환경이 형성되어 가는 과정을 본다면, 먼저 지형이 형성된 이후에 바람과 물의 작용에 의해 풍화가 진행되면서 토양층이 만들어지고, 그 토양위에 식물이 자리를 잡게 된다. 그리고 이렇게 식생이 조성된 곳에 살 수 있는 동물종들이 들어와서 같이 살게 되면서 하나의 생태계를 이루게 된다.

그러나 개발사업 등으로 자연이 훼손되는 과정을 볼 때 지상부의 식생층이 먼저 없어지게 되고, 토양층이 제거된 이후에 채광 등의 작업을 통해서 지형이 바뀌게 된다. 즉 자연이 형성되어 가는 단계의 역순으로 훼손이 일어나는 것을 알 수 있다.

그렇다면 복원의 관점에서 본다면 가장 우선적으로 고려해야 하는 것이 바로 지형 및 토양이라고 할 수 있다. 자연재해나 인위적인 개발로 인하여 산지의 지형이 변형된 곳의 복원을 위해서는 가장 먼저 원래의 수계를 찾아주면서 지형을 안정화시키고, 토양층을 복원한 이후에 이 조건에 맞는 식물을 도입하는 것이 자연이 형성되는 순서를 따라가는 것이다.

이런 측면에서 본다면 개발로 인하여 자연환경(토지피복)이 크게 변형된 광산 등에서는 식생복원을 고려한 지형복원이 필요하고, 또한 토양층 복원 이후에 식생복원의 순서로 진행되는 것이 바람직하다.

광산복원과 관련된 많은 자료에도 안정성 확보가 가장 기본적인 고려사항이라는데 의견을 같이 하고 있다. 이 현장에서도 위와 같은 순서대로 복원을 진행하고 있으며, 전체 광산을 3개의 지역으로 구분하여 각 지역의 특성에 맞은 복원을 도모하고 있다.

2) 지형 복구

(1) 백두대간인접지역

백두대간인접지역은 상징성이 있기 때문에 최대한 원지형과 유사하면서 주변 산지와 조화가 되도록 계획하고 있다. 원지형은 채광지역 가운데에 능선이 형성되어 있었으나 제한된 성토량으로 복구지역 가운데에 능선을 형성하기는 어려우며, 안정성 확보가 필요하기 때문에 채광지역의 가운데에 계곡을 형성하는 형태로 복구하면서 원래의 수계와 연결되도록 한다. 이때 상부에 노출되는 잔벽면을 최소로 하며, 개발이 종료되면 즉시 식생복구가 시작되도록 한다.

채광 후의 지형은 협곡을 형성하고 있어 집중강우 시 성토층의 붕괴 및 유실의 우려가 있기 때문에 강우 시 신속한 배수를 위하여 표면배수로를 확보하고, 기존의 유로에 연결시키도록 한다. 작업은 채광면 하단에 굵은 입자의 폐석을 성토하고, 상단에 폐석과 토립자가 섞인 재료를 성토하는 방법으로 시행한다. 이를 통하여 지표수가 성토층으로 침투하면서 토립자의 유실을 통한 성토층의 공동화 및 이로 인한 성토층의 붕괴 및 유실을 최소화 하도록 계획한다.

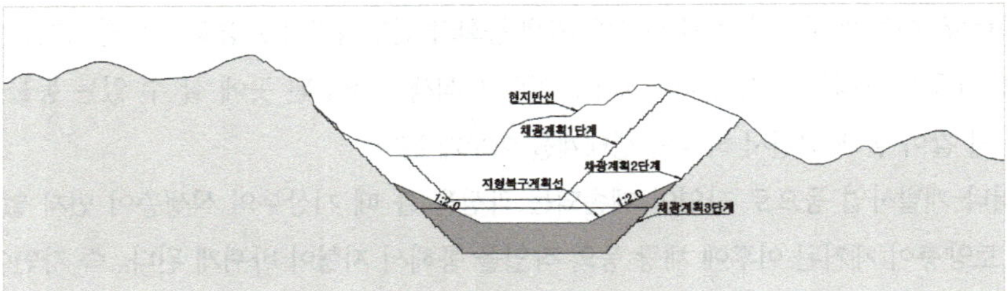

[그림 4-1] 백두대간인접지역 지형복구 모식도

(2) 중앙지역

백두대간보호구역의 완충지역으로서 개발 이후에는 채광 지형이 상부에 남게 된다. 이 지역은 상부 백두대간인접지역의 채광시 발생하는 폐석을 지형복원에 활용하는 지역으로서, 채광바닥면 최하단부에 수로를 형성시키고 이곳에서 1:2 경사로 폐석을 성토하여 복구 지형을 조성한다. 하부 저지대의 유출부에는 강우 시 급격한 유출을 방지하기 위하여 저류지를 조성하도록 한다.

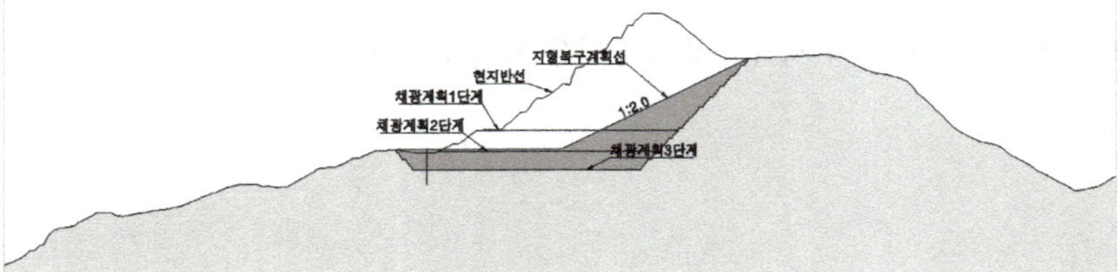

[그림 4-2] 중앙지역 지형복구 모식도

(3) 채광완료지역

채광완료지역은 백두대간 완충지역과 기타지역으로 나뉘며 이미 채광이 완료되어 기 발생한 폐석을 활용하여 복원공사가 실시되고 있다. 원지형은 채광지역 가운데에 완만한 능선이 형성되어 있었으므로 제한된 성토량으로 가운데에 원지형과 유사한 능선 형태를 조성하며, 잔벽면은 거의 노출되지 않도록 계획하였다.

백두대간인접지역과 마찬가지로 강우시 유수의 신속한 배수를 위하여 표면배수로를 설치하며, 지형을 복원할 때에는 채광면 하단에 굵은 입자의 폐석을 성토하고, 그 상단에 폐석과 토립자가 섞인 재료를 성토하는 방법을 시행하였다. 폐석 성토층 위에는 양질의 토사를 60㎝ 이상 두께로 덮어서 식물의 생육기반이 조성되도록 하였으며, 그 위에 식생을 도입하는 공사를 시행하고 있다.

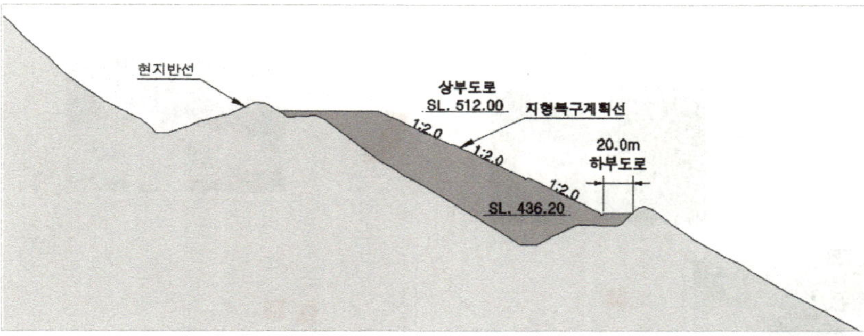

[그림 4-3] 채광완료지역 지형복구 모식도

3) 수계 복구

(1) 수리, 수문 분석

한국수문조사연보(우량편, 수위편)를 이용하여 사업지구 인근의 월별 강우량과 수위량을 조사하였다. 본 사업지구와 가장 인접한 달방댐 관측소의 측정 결과 사업지 인근의 연강우량은 1,216.0㎜, 최대일 강우량은 172.0㎜(7월)이었으며, 강우량이 가장 많은 달은 7월(258.0㎜), 가장 적은 달은 2월(12.0㎜)인 것으로 조사되었다.

사업지에 가장 인접한 달방댐 수위관측소의 자료를 살펴본 결과, 사업지 인근의 일평균 수위는 106.9~111.6m, 일최고 수위는 109.2~112.3m인 것으로 조사되었다.

대상지의 수계분포를 분석한 결과 대상지와 그 주변지역의 우수는 작은 지류를 형성하면서 북동부의 증산골과 북쪽의 곰발골로 합쳐져 산계리를 거쳐 주수천으로 흘러든다. 이 주수천은 남양천과 합류하는 지점에 위치한 옥계 상수보호구역(동해시 관할)을 통과해 동해로 흘러들어간다. 자병산과 생계령 북쪽지역에서 발원하는 많은 계곡수는 채광에 큰 영향을 받지 않고 인근의 여러 계곡을 따라 주수천 상류로 유입되고 있다.

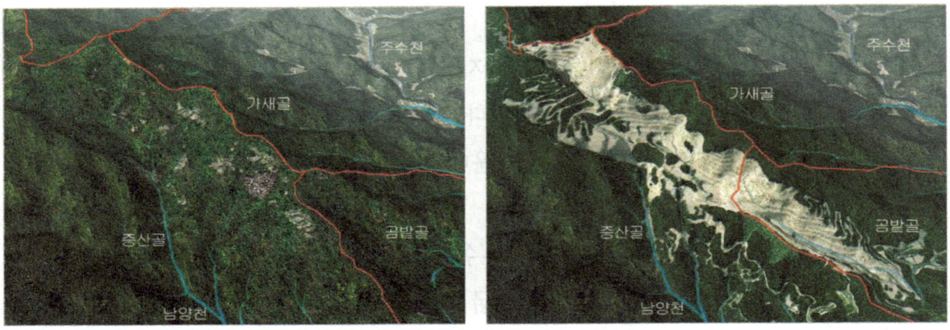

[그림 4-4] 개발 전.후의 수계 분포

기채광구역의 암반노출로 인한 대상지 주변 우수유출량의 변화로 하류지역에 미치는 영향을 최소화하기 위해 탁류유출방지 콘크리트 침전지, 사력저류지, 옹벽 등이 설치되어 있다.

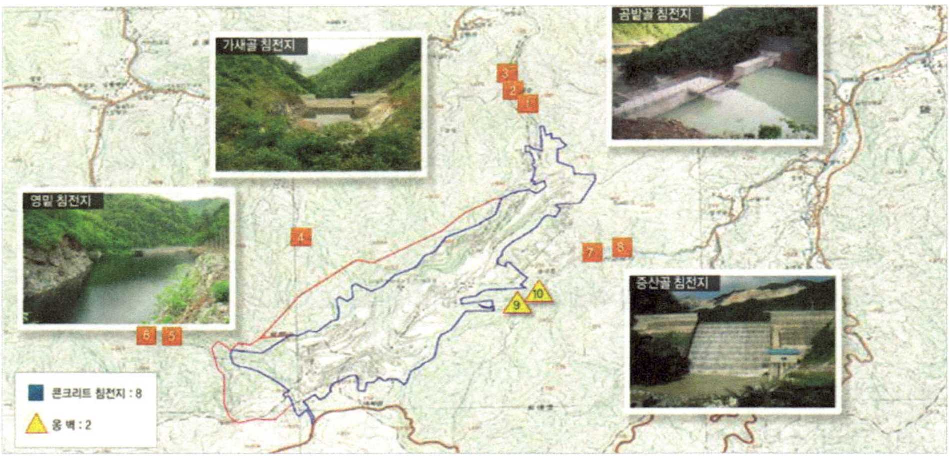

[그림 4-5] 침전지 위치도

또한 사업지구내 시추조사 결과 심도 200m 지점까지 지하수가 없는 것으로 조사되어 채광으로 인한 지하수의 영향은 매우 미미할 것으로 예상된다.

(2) 수계분포

본 광산 주변의 채광 전 광역적인 수계 분포를 보면 주능선을 경계로 가새골을 통해 주수천으로 유입되는 유역은 79ha이고, 곰밭골을 통한 주수천 유입은 218ha, 증산골을 통한 남양천 유입은 381ha이다.

채광으로 인해 광산내 주능선은 사라지고, 곰밭골을 통한 주수천 유입 및 증산골을 통해 남양천으로 유입되고 있다.

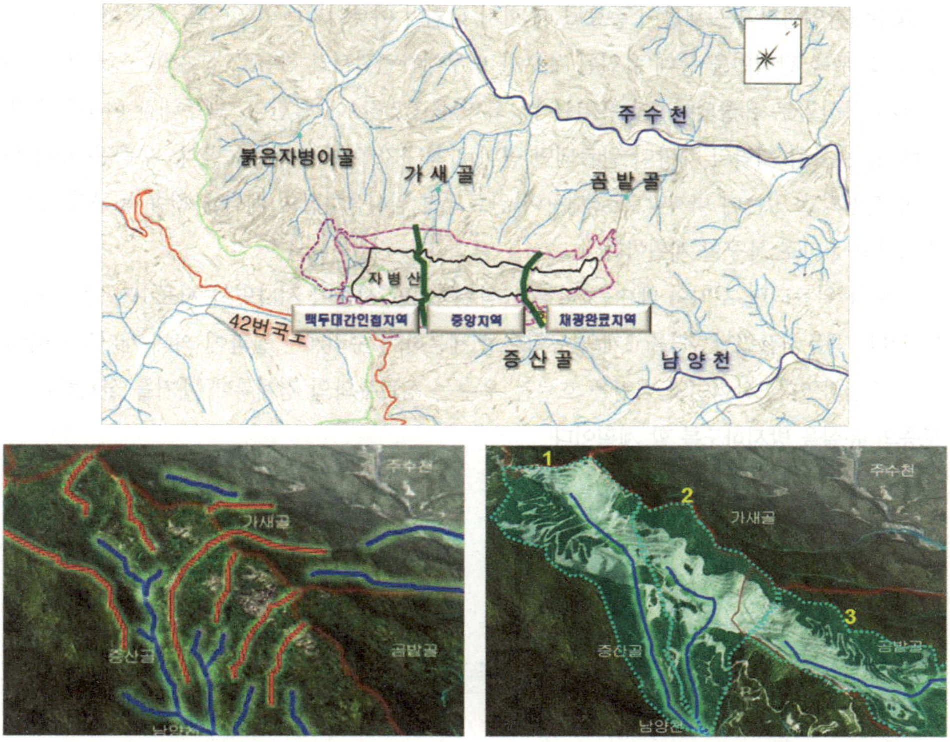

개발 전 　　　　　　　　　　 개발 중

[그림 4-6] 광산 주변의 수계분포

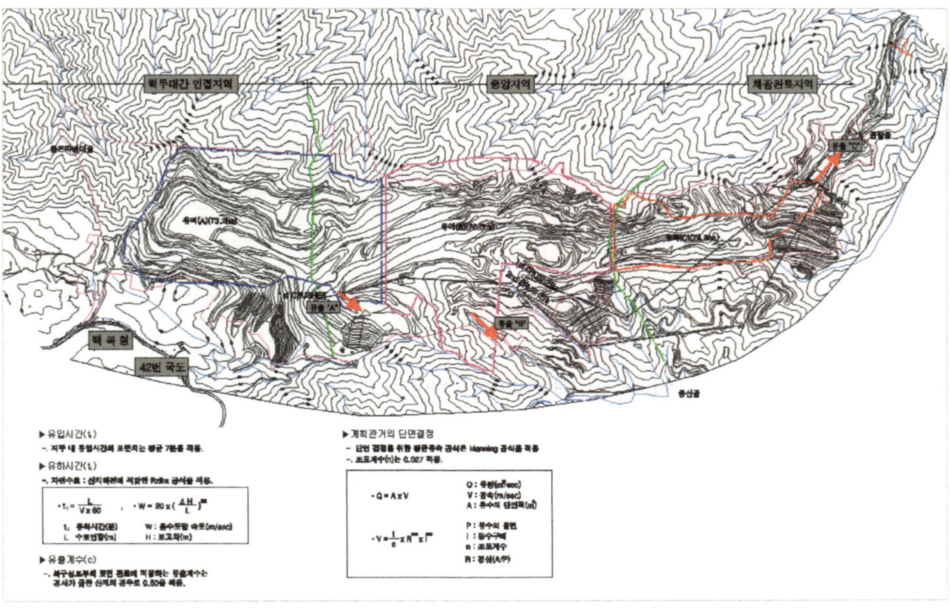

[그림 4-7] 기존의 수계를 연결시키는 계획을 고려한 유출량 산정

백두대간인접지역은 채광이 종료될 때 까지 작업이 이루어지는 지역이다. 채광이 완료되었을 때 좌우측 잔벽면을 통해 유입된 우수가 백두대간인접지역 하류로 집수되어 중앙지역 상류에서 증산골로 유출되며, 이 유역면적(A유역)은 62.6ha에 달한다. 백두대간 마루금에 인접해 있는 좌측 지역의 채광이 완료되면 곧바로 복구가 이루어지도록 한다. 우측은 계속 채광이 진행되고 있는데 마지막으로 채광이 완료되면 임시적치장의 폐석을 최종 복구지형으로 조성하면서 바로 복구할 계획이다.

성토가 완료되면 초기의 배수는 하부로 침투하지만 시간이 지나면서 지표수가 주를 이루게 된다. 백두대간인접지역을 3개의 유역으로 세분하여 수리계산 결과에 의해 개거로 배수계획을 수립하였다. 잔벽면의 벽면을 흐르는 우수는 성토부와의 경계부에 개거를 설치하여 성토층의 유실을 방지하도록 할 계획이다.

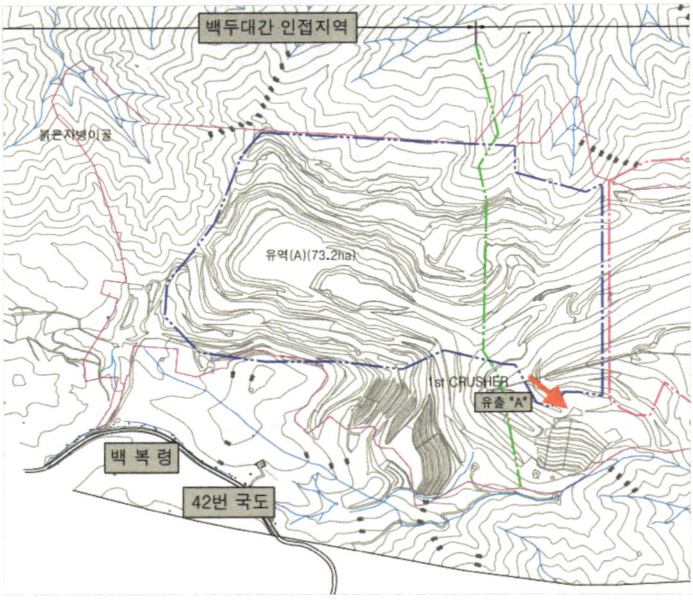

[그림 4-8] 백두대간인접지역 배수 계획평면도

중앙지역은 1단계 초기에 채광을 완료하고 폐석 임시적치장으로 사용되는 지역이다. 백두대간인접지역에서 채광이 이루어지는 동안 발생된 폐석을 임시적치 하였다가 핵심복구지역으로 다시 옮겨 쌓으며, 잔벽면 하부에 개거를 설치한다. 채광이 완료되었을 때 좌우측 잔벽면을 통해 유입된 우수를 채광 종단과 연계하여 1개소의 유출부를 통하여 증산골로 유출되도록 한다. 이 유역의 면적은 70.0ha이다.

이곳은 임시 적치된 폐석을 백두대간인접지역으로 이동시키면 채광 후의 지형이 그대로 드러나게 된다. 중앙지역에 집수된 물이 부지 외부로 나가지 않도록 반습지 또는 임시저류지 형태의 지형을 조성해주며, 임시저류지도 단계별로 배치한다. 중앙지역을 유출부별로 3개의 유역으로 세분하여 수리계산 결과에 의해 개거로 배수계획을 수립한다.

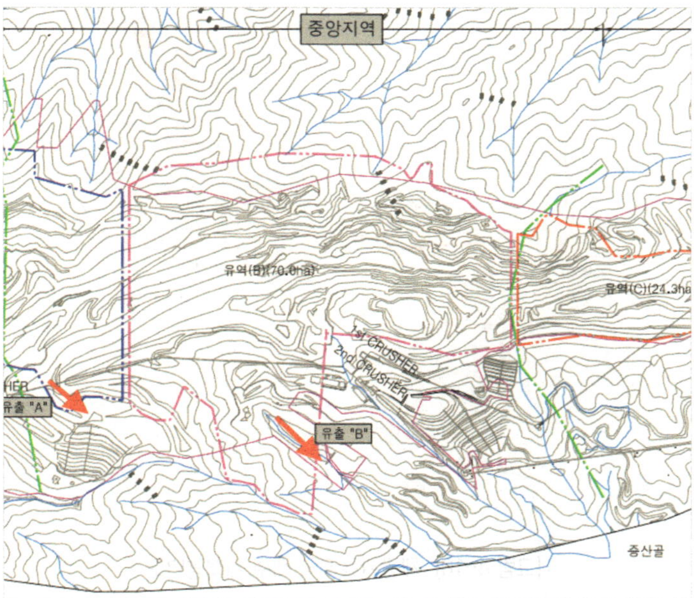

[그림 4-9] 중앙지역 배수 계획평면도

채광완료지역은 현재 채광이 거의 완료된 지역으로서 채광이 진행되면서 일부 성토가 이루어지며, 복원공사가 가장 먼저 시행되고 있는 지역이다. 채광이 완료되었을 때 좌우측 잔벽면을 통해 유입된 우수가 채광완료지역 하류로 집수되어 곰발골로 유출되며 유역면적(C유역)은 24.3ha로 계획하고 있다.

채광완료지역을 2개의 유역으로 세분하여 수리계산 결과에 의해 개거로 배수계획을 수립하였으며, 잔벽면의 벽면을 흐르는 우수는 성토부와의 경계에 개거를 설치하여 성토층의 유실을 방지하도록 하고 있다.

[그림 4-10] 채광완료지역 배수 계획평면도

광산 전체에 대한 기본 배수계획은 다음과 같다.

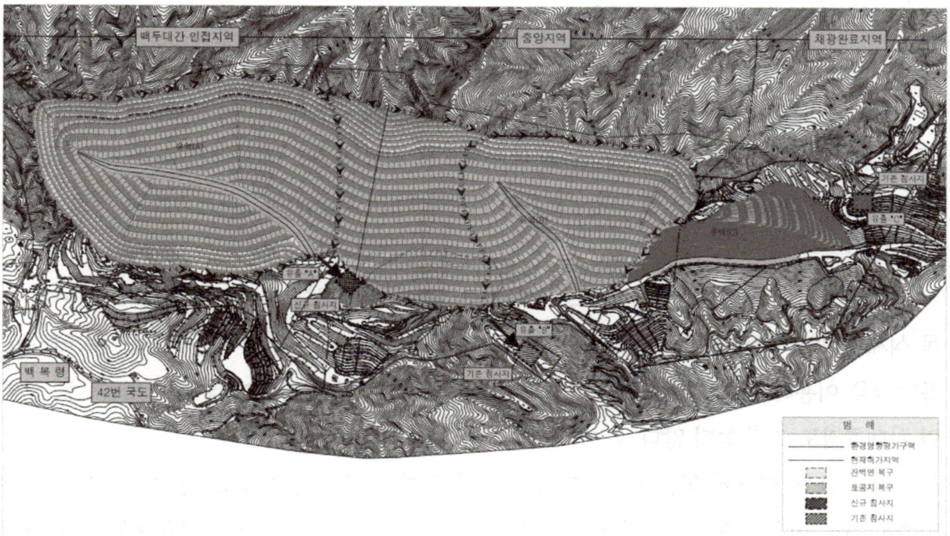

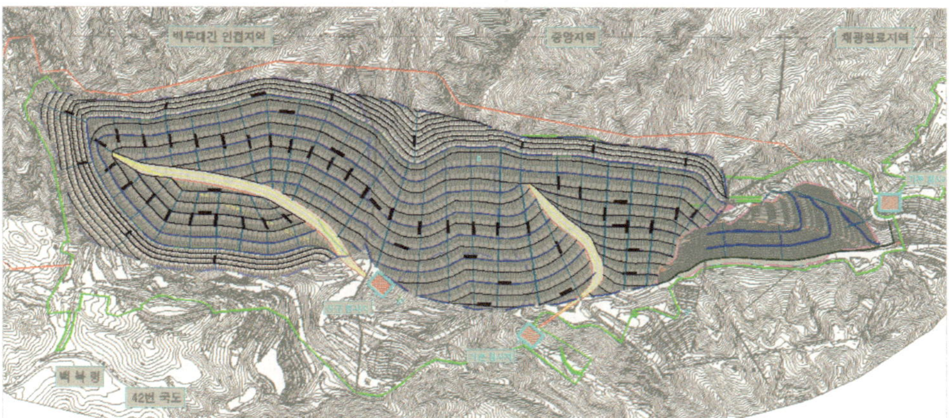

■ 성토지

구분	길이	단위
종배수로	12,882	m
횡배수로	17,785	m

■ 잔벽면

구분	길이	단위
종배수로	2,852	m

[그림 4-11] 전체광산 기본 배수계획 및 표준단면도

4) 잔벽면 및 성토지 조성

석회석광산은 채광 이후 잔벽면이 노출되게 된다. 채광에 따라 나타나는 잔벽면은 다양한 형태로 조성이 되는데 이들 잔벽을 복구의 개념에서 일정 간격으로 소단을 조성하도록 하고 있다.

비탈면 조성 계획에서는 산지관리법(복구설계 승인)의 기준(매 15m 마다 5m 소단, 높이 60m 마다 10m의 소단, 계획사면 A)을 우선적으로 검토하였다. 기준에는 수직높이 15m 마다 소단을 조성하도록 되어 있으며, 그 곳에 복토를 하고 식물을 식재하는 방식을 적용하도록 하고 있다.

그러나 소단에 수목을 식재하여도 나무가 자라는데 오랜 시간이 필요하게 되기 때문에 수목 식재방법과 병행하여 덩굴식물을 식재하는 방식도 적용하고 있다. 덩굴식물은 유인줄이나 흡착반을 이용하여 잔벽면을 타고 올라가게 되는데 이 방법도 시간이 많이 소요되므로 잔벽면 차폐효과도 그리 높지 않다.

따라서 소단 식재에 의한 차폐효과를 높이기 위하여 15m 높이를 3등분 하여 중간에 수직높이 5m 마다 폭 2m의 소단을 설치하는 것으로 계획하였다(2014년 복구계획, 계획사면 B). 2014년 잔벽면 기준에서는 2m 폭의 소단을 계획하였는데, 이 정도 폭의 소단에서는 현장 여건상 작업이 어렵고 소단부 가장자리의 탈락 등의 문제가 예상되므로 안정성을 고려할 때 소단폭의 확대 필요성이 검토되었다. 또한 소단부 식재에 의한 비탈면 차폐 효과를 동시에 고려하기 위하여 비탈면 높이 및 소단폭을 조정할 필요가 있었다.

따라서 비탈면 수직높이 7.5m 마다 폭 5m의 소단을 조성하도록 하며, 이때 잔벽면의 경사는 70도, 비탈면 전체의 평균 경사는 42도(계획사면 B에서는 평균경사 44도)로 낮추는 것으로 최종 계획을 수립하였다(2017년 기준).

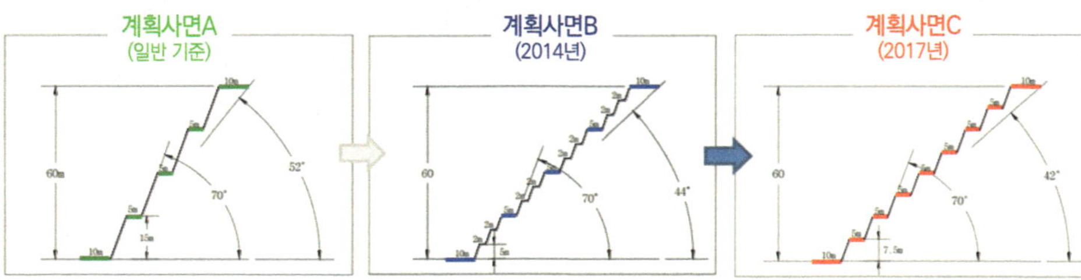

[그림 4-12] 비탈면 소단 조성 계획

또한 잔벽이 남지 않는 곳은 폐석을 쌓아서 완만한 비탈면을 조성하고 있다. 이렇게 조성된 완경사지의 비탈면의 경사는 1:2로 계획하였으며, 복구 기준에 따라서 수직높이 15m 마다 5m의 소단을 조성하도록 하며, 중간에 높이 5m 마다 폭 2.5m의 소단을 조성할 계획이다. 그리고 총 높이 60m 마다 10m 폭의 넓은 소단을 조성하도록 변경할 계획이다.

소단의 조성 형태는 직선형이 아니라 광산 주변의 원지형 상의 능선부와 계곡부의 형태를 고려하여 종배수로와 횡배수로를 배치하여 자연스러운 지형이 조성되도록 할 계획이다.

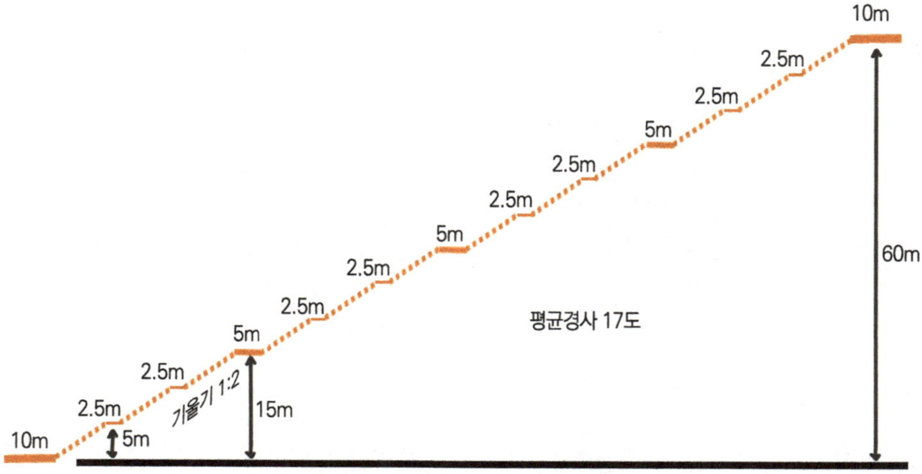

[그림 4-13] 변경된 완경사지 지형복구 계획(2017)

석회석광산의 생태적 복원

5. 바람직한 생태복원의 과정

생태복원은 훼손되기 이전의 상태로 되돌리는 것으로서 복원의 원칙 및 방향은 이를 따라야 한다. 그러나 장기간에 걸쳐 대규모 지형이 변형되고, 식생 및 서식지가 훼손된 상태에서는 현실적인 대안 수립이 필요하다. 이를 위해서는 현재의 상태에 맞는 최적의 방법을 도출해야 하고, 이 방법의 현장 적용성을 검토하면서 지속적으로 보완해 나가야 한다. 또한 이러한 복원의 목표 및 적용방법에 맞는 모니터링이 진행되어야 한다. 생태복원은 완성된 방법을 적용만 하는 것이 아니라, 현재와 미래의 상태를 고려하여 적절한 해결책을 찾아가는 진행과정으로 보는 것이 바람직할 것이다. 이 장에서는 생태복원을 위하여 2007년부터 수행하였던 시험시공 결과를 토대로 모니터링 자료를 분석하고 향후 개선책을 찾아보고자 한다.

05

바람직한 생태복원의 과정

1) 생태복원 계획

(1) 계획 수립

▶ 기본계획

옥계 석회석광산은 생태적인 복원을 지향하고 있으며, 이를 위하여 광산 복원의 기본 방향을 "자연친화적 복원으로 백두대간 인접 광산의 자연환경 회복"으로 설정하고 있다.

복원계획은 현재의 과학적 지식과 기술적 수준을 바탕으로 미래를 예상하여 계획을 수립하는 것이므로 본격적인 복원공사가 진행될 시점에서는 새로운 기술들이 개발될 수 있다. 또한 현재 최적의 방법이 계획되었더라도 현장에 적합할지 여부는 알 수 없기 때문에 계획된 내용을 현장에 미리 적용하고 그 효과를 검증할 필요가 있다.

이를 위하여 이 현장에서는 시험시공 및 모니터링을 수행하면서 현장 여건에 맞은 최적의 방법을 찾아가고 있다. 이러한 적용 과정을 통하여 5년 단위로 복원계획을 보완하고 있으며, 수정·보완된 계획은 위원회 및 협의회에서 공개적인 검증을 거치면서 최적안으로 만들어나가고 있다.

복원계획에서 지형과 식생은 매우 중요한 항목이다. 개발로 인하여 산지의 지형이 크게 변형되어 있는 상태이므로 복원에 있어서 지형은 개발되기 이전의 원지형과 유사한 형태로 토양기반을 조성하며, 식생은 개발 이전의 산림으로 환원하는 것을 목표로 하였다.

이 광산은 장기간에 걸쳐서 운영될 계획이므로 복원공사를 적용하는 시기는 채광계획과 연계하여 4단계로 구분하였다. 또한 공간은 3개 지역으로 구분하여 채광이 완료된 하부지역부터 복원공사를 수행하고 있다.

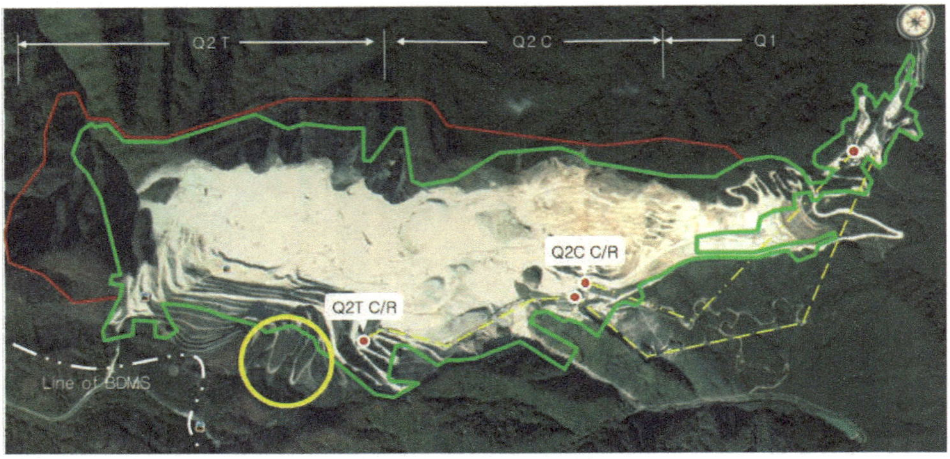

[그림 5-1] 옥계 석회석광산 채광 현황 및 시험시공지 위치

[그림 5-2] 옥계 석회석광산의 복원지역 구분

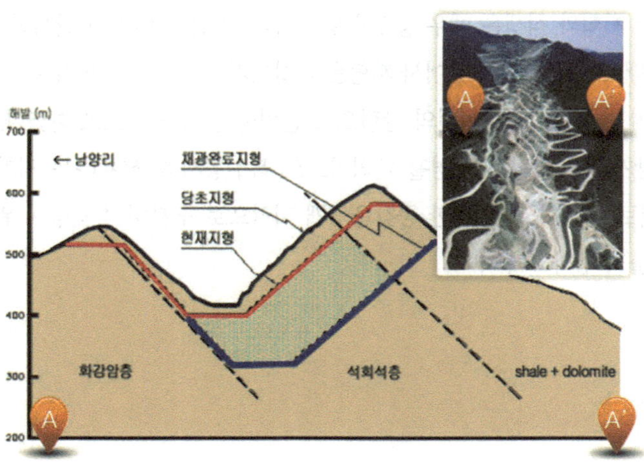

[그림 5-3] 옥계 석회석광산의 채광 계획

▶ 복원 프로세스

광산의 복원은 계획의 수립에서부터 시작하여 복원공사를 시행하고 검증하는 순서로 진행하며, 다음과 같은 프로세스를 거치도록 하고 있다.

우선 채광작업이 시작되기 이전에 현장 조사를 통하여 지질 자원과 주변 환경을 파악하며, 이 조사 결과를 채광계획에 반영한다. 채광계획을 토대로 복원계획을 수립하는데 있어서 시행 계획은 각종 법률 기준에 부합되도록 하며, 수립된 계획은 전문가 및 자문그룹, 이해관계자와의 협의 과정을 통하여 계획을 최종 확정하도록 하고 있다.

이렇게 내외부 전문가, 이해관계자들의 의견을 수렴하며 확정된 계획에 의거하여 채광을 시행하고, 채광이 종료된 곳을 대상으로 복원 공사를 수행할 수 있는 곳은 단계별로 공사를 적용하며 모니터링을 수행하도록 한다.

모니터링에서 도출된 결과는 위원회나 협의회의 심의 과정을 통하여 내용을 공유하고, 평가결과에 따라 내용을 보완하여 복원계획을 5년 단위로 재수립하도록 하고 있다.

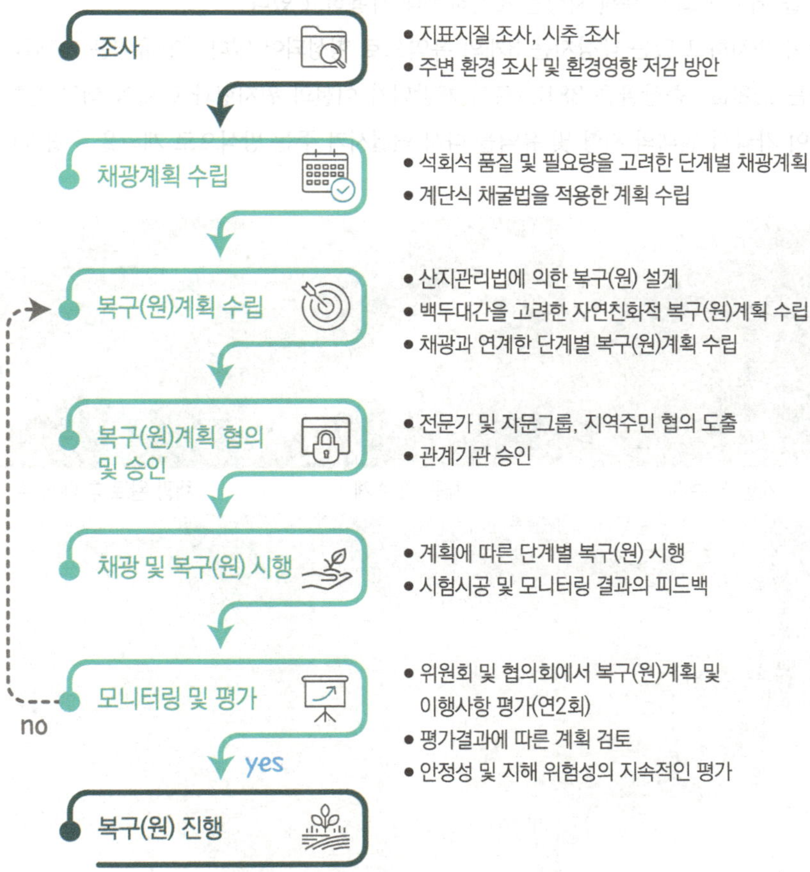

[그림 5-4] 생태복원 추진 프로세스

▶ 수계 및 지형복원

대규모 채광지에서는 개발로 산지의 지형이 변형된 상태이므로 복원을 위해서는 개발 이전의 상태와 가깝게 지형을 복원시켜줄 필요가 있다. 옥계 석회석광산에서는 개발 과정에서 많은 양의 폐석이 발생하는데 폐석을 외부로 반출하지 않고 광산 내부의 지형복원에 전량 활용하면서 지형을 복원하는 방식을 적용하고 있다.

현장에서 폐석은 약 1억 톤 이상이 발생하는데(2014년 기준), 이 폐석을 이용하여 개발 이전의 원지형과 유사한 형태로 조성하며, 급경사를 완화하고 수계를 복원하고 연결하는데 활용한다.

지형적 특성에 따라서 지역별 복원목표를 설정하게 되는데, 발생되는 폐석은 각 유역 단위로 고르게 분산배치 하여 폐석 성토지역의 안정성을 확보하는 방향으로 계획한다. 이때 복원지형은 주변과 자연스럽게 조화를 이루도록 하며, 개발이 완료됨과 동시에 복원이 이루어질 수 있도록 상부에서부터 하부 쪽으로 순차적 공사를 수행하도록 한다.

현재는 복원 1단계가 진행 중이며 1단계에서 발생된 폐석은 중앙지역으로 이동하여 개발된 지형을 메우고 최종 복원 지형을 조성하는데 사용하고 있다.

광산이 위치하고 있는 대상지는 3개의 유역으로 형성되어 있다. 각 유역은 가새골 79ha, 곰발골은 218ha, 증산골은 381ha로서 개발되기 이전의 원지형과 현재의 채광 진행과정을 분석하여 가급적 원래의 지형 및 유역을 다시 연결시켜 주는 방식으로 계획을 수립하였다.

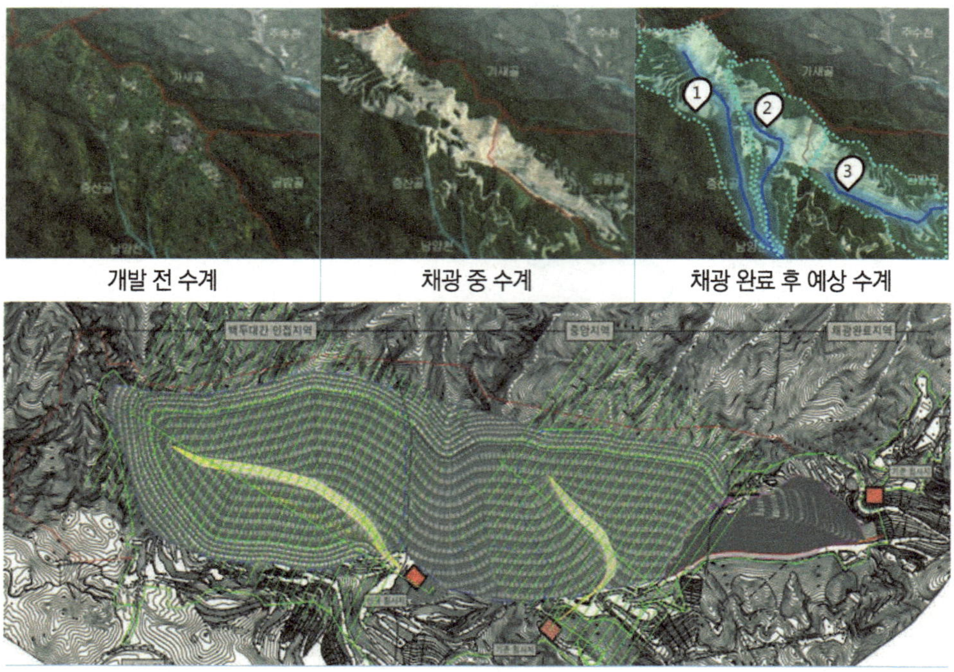

[그림 5-5] 유역을 고려한 배수체계 검토

광산을 3개의 지역(백두대간인접지역, 중앙지역, 채광완료지역)으로 구분하여 개별적 복구계획을 수립하였으며, 유출량 산정을 위한 기초 자료는 확률강우량 200년 빈도[2] 유출량(㎥/s)을 검토하였다.

계획 단계에서는 개발되기 이전의 당초 지형과 개발 중인 현재 지형, 그리고 채광완료 후의 지형을 같이 고려하도록 하며, 특히 능선부와 유역을 중심으로 세분화하여 복구 위치 및 단계별로 복구설계를 하였다.

공사를 적용함에 있어서는 산지의 특성을 고려하여 사방공사의 개념으로 접근하며, 조기 녹화와 숲 조성을 목표로 생태적 복원을 추구한다. 이와 함께 산림경관을 고려하여 주변의 능선부, 계곡부가 지형과 조화를 이루고 1개 조망점에서 상부에서 하부까지의 전체 광산이 조망되지 않도록 하며, 식생은 주변 산림과 유사하도록 생태적·경관적 다양성을 고려하도록 하였다.

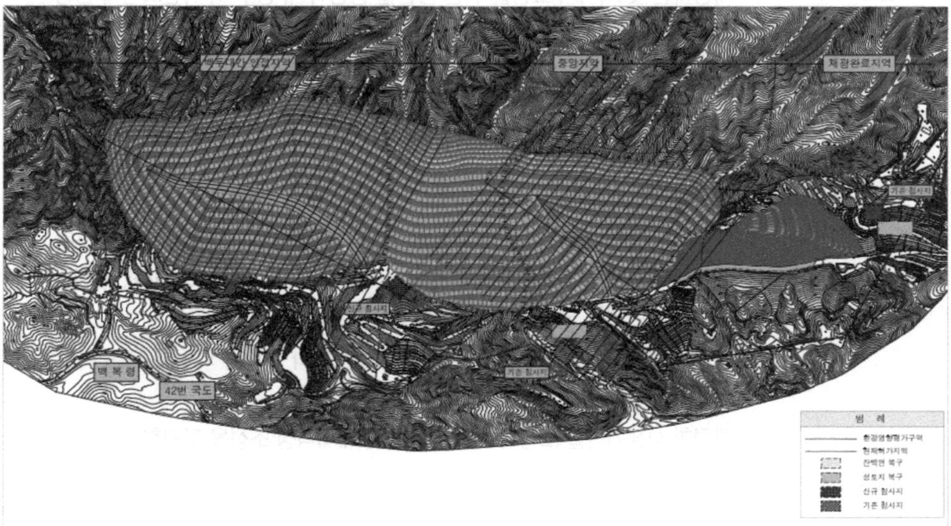

[그림 5-6] 기본계획 수립을 위한 지형복구 대안 검토

현 대상지는 지역의 특성, 환경조건 및 복원 요구 사항 등에 따라 3개의 계획 지역으로 구분하며, 각 지역에 차별화된 복원 목표 및 계획에 따른 개별적인 복원 방법을 수립하였다.

2) 최근 기상이변 및 집중호우에 따른 재해를 사전에 방지하기 위하여 높은 기준을 설정하여 검토하게 되었음 (확률강우량 200년 빈도로 검토)

[표 5-1] 지역별 지형 및 식생복원 기본 구상

구분	주요 내용
백두대간 인접지역	• 백두대간 핵심구역에 속함 • 백두대간인접지역 생태계의 구조와 기능을 최대한 원 상태에 가깝게 되돌리는 것을 목표로 함 • 폐석의 성토를 통해 원지형과 유사한 형태로 조성하며, 잔벽면의 노출을 최소화 함 • 상부지역에서부터 우선적으로 채광작업을 수행하고, 이 곳에서부터 순차적으로 복원이 이루어지도록 함 • 충분한 생육기반을 조성하여 주변의 원식생과 유사한 산림으로 복원함
중앙지역	• 백두대간 완중지역에 속하며, 채광 후 잔벽면 상태가 남는 지역 • 입지환경의 다양성을 목표로 하며, 채광지형을 최대한 자연스럽게 형성하고, 부분녹화나 차폐녹화를 도모함 • 식생복원 및 서식처 조성을 위한 공간을 형성하며, 강우 시 자연스럽게 형성되는 저류지를 하부에 조성함 • 불가피한 지형의 변화를 피하고, 백두대간인접지역에 집중배치 계획하였던 폐석을 고르게 분산 배치하여 잔벽면 발생을 최소화하며, 하부는 완경사 성토지로 조성함
채광완료 지역	• 최하단부로 채광이 완료되고 복원이 진행되고 있는 지역 • 채광이 완료된 지역에 폐석을 매립하여 원지형과 유사하게 지형을 조성하며, 조성된 완경사 지역에는 성토를 실시하여 자연산림기반을 조성하며, 동식물 서식지를 마련할 수 있는 특수 입지를 조성함 • 산림식생에 유리한 환경을 조성해 조기에 주변과 조화가 되도록 하는 식생복원 목표를 정함 • 적정한 식생기반을 조성하여 조기녹화 및 대체식생 조성을 도모함

▶ 복원식물 선정을 위한 기초 조사

광산복원에 사용할 식물은 현지에 정착이 가능한 식물이어야 하기 때문에, 주변에 서식하고 있는 자생식물을 활용하는 것이 바람직하다. 사업대상지 주변 및 기존 복원시공지에서 식생조사를 연차적으로 실시하고 있으며, 이들 자료를 참조생태계로 활용하였다. 복원에 사용하는 식물은 그 지역의 입지 특성을 반영하고 있는 잠재자연식생을 기초로 하고 있으며, 복원계획에 맞추어서 현지에서 식물을 확보하여 이용하는 프로세스를 따르고 있다.

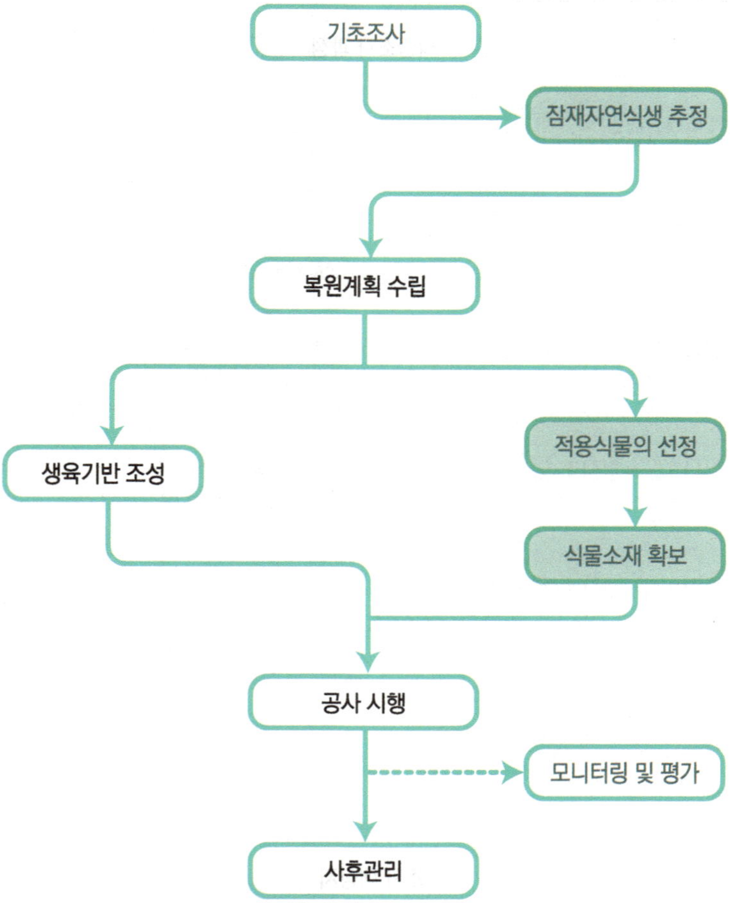

[그림 5-7] 식생복원을 위한 식물선정 프로세스

시험시공이 시행되기 이전의 초기단계(1994년~1998년)에서는 광산주변 지역의 식생조사 위주로 수행하였으며, 이후 동식물 생태조사를 병행하였다. 현재는 생태복원 시험지를 대상으로 하여 식물의 현지 적응성 까지를 고려한 자료를 확보하기 위하여 정밀조사를 추가로 수행하고 있다.

이를 토대로 광산의 생태복원에 사용할 수 있는 대상 식물 중 자생식물을 위주로 선정하였으며, 또한 현장 적용성을 고려하여 적용 식물을 확정하였다.

[표 5-2] 복원에 사용할 식물 선정을 위한 식생조사

식생조사 과정

1994년도
(1차 환경영향평가)

- 조사지역 : 백두대간핵심구역
- 주요식생 : 신갈나무, 굴참나무 군락

1998년도
(2차 환경영향 평가)

- 조사지역 : 백두대간핵심구역
- 주요식생 : 신갈나무, 굴참나무 군락

2002~2009년도
(동식물 생태조사 및 모니터링)

- 조사지역 : 개발 예정지 및 기 복구지
- 주요식생 : 개발 예정지 - 신갈나무, 소나무 군락
  기 복구지 - 신갈나무, 소나무, 오리나무 군락

2012~2014년도
(광산 생태복구 기본계획 보완 2차)

- 조사지역 : 개발 예정지 및 기 복구지
- 주요식생 : 개발 예정지 - 굴참나무, 신갈나무, 소나무 군락
  기 복구지 - 물오리, 족제비싸리, 참싸리 군락

2015~2018년도
(광산 생태복구 기본계획 보완 3차)

- 조사지역 : 개발 예정지, 기 복구지, 붕괴지
- 주요식생 : 기 복구지 - 신갈나무, 소나무, 물오리나무 군락
  주변지역 - 물푸레나무, 자작나무, 소나무

2019년도 현재
(모니터링은 매년 수행 중임)

조사 대상지

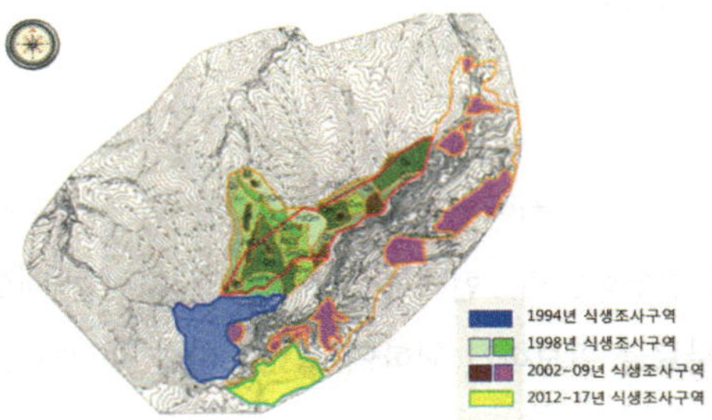

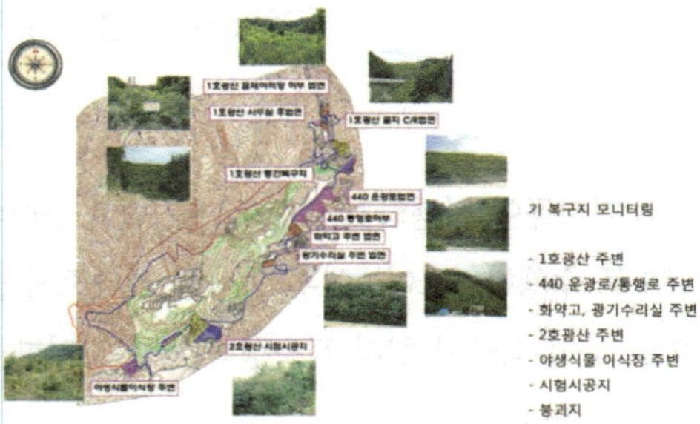

자생식물

자생식물은 어떤 지역에 원래부터 살고 있던 식물로, 그 지역에 적응되어 있는 식물을 말한다. 자생식물은 그 지역의 환경조건에 적응되어 있으며(일반적으로 지역의 자생종인 아닌 식물보다 유지관리가 적게 필요함), 식생군락이 오래 유지될 수 있다.

생태복원 공사에 자생식물을 잘 활용하면, 별도의 노력을 투입하지 않아도 스스로 유지되고 번식할 수 있는 잠재력을 가진 식물군락을 조성할 수 있다. 이렇게 생태적으로 건강하게 자리 잡은 자생식물 군집은 침입성이 강하고 위해성이 있는 잡초들을 방제할 수 있는 장점이 있다. 또한 주변 환경과 자연스럽게 조화될 수 있으며, 유지관리 비용을 줄일 수 있기 때문에 경제적이라고 할 수 있다.

생태복원 분야에서 다루는 식물은 다음과 같이 구분할 수 있다.

- **자생식물(native species)** : 외래식물에 반대되는 개념으로, 어느 지역에 자생하는 식물로서 외래종과 귀화종을 제외한 것이다. 생태복원용 식물 중에서 국내에서 확보가 어려운 것은 보통 수입한 것을 사용하는데, 이 경우 대상 식물이 한국 및 구·아대륙까지 분포된 종(재래종과 동일한 종·아종·품종)은 식물분류학상으로는 동일종으로 취급되더라도 유전적인 특성이 다를 것이라고 생각된다. 따라서 식물을 도입할 때에는 식물의 생리, 생태를 충분히 검토하여야 한다.

- **향토식물(native plant)** : 명확한 정의는 곤란하지만, 일반적으로 오랜 기간 자연선택에 의해 그 지역의 기후와 입지환경에 잘 적응해서, 자연 상태로 널리 분포하고 있는 식물을 말한다. 동일종일지라도 환경조건이 다른 지역에서 들여올 경우(예 : 한국과 비슷한 위도의 중국에서 채종한 것) 엄밀하게는 향토식물이라 할 수는 없다.

- **도입식물(introduced plant)** : 자연 혹은 인위적으로 이루어진 훼손지나 복원대상지에 식생을 조성할 목적으로 파종, 식재 등 여러 가지 방법으로 들여온 식물을 말한다. 도입식물에는 식물의 원산지와는 다른 개념으로 초본, 목본, 덩굴식물 등 여러 가지가 포함된다.

- **외래식물(exotic plant)** : 외국으로부터 도래된 식물의 총칭으로 귀화식물도 포함된다. 그리고 귀화식물은 인위적으로 자생지로부터 다른 지역으로 이동된 식물이 그 토지에서 왕성하게 적응하여 야생화된 식물이다.

※ 자료 : 김남춘 등. 2018. 생태복원공학 -자연재생과 녹화이론을 중심으로-

▶ 식생복원 계획 수립

식생복원은 복원 대상지의 생육환경에 부합하는 최적의 식생군락을 조성함을 원칙으로 한다. 식생을 도입할 때에는 환경특성에 맞는 식물종 및 방법을 선정하며, 동시에 각 복원지역에서 목표식생이 잘 적응할 수 있도록 입지의 환경을 최적으로 조성해주는 것이 필요하다. 또한 일반적으로 많이 사용하고 있는 조림 개념의 일률적인 식재는 적합하지 않고, 현장 특성에 맞는 개별적인 계획을 수립할 필요가 있다.

이 현장에서 식생복원이 지향하는 최종 목표는 훼손 이전 자연 상태(참조생태계와 유사)의 다층구조 산림을 재현하는 것이다. 또한 생물환경 및 무기환경을 포함하여 당 복원지역에 형성된 입지다양성, 서식지다양성 및 생물다양성을 증진하고 보호하는 것도 주요한 목표에 속한다. 또한 백두대간보호구역의 생태계 보전을 위한 광산의 모범적 식생복원을 추구하는 것도 목표에 해당한다.

현 대상지에서 추구하는 식생의 목표는 다음 두 가지 시간적 차원으로 구별되어질 수 있다.

- **극상식생 : 장구한 세월 속에서 복구계획과 자연력에 의해 현 지역에 정착되는 식생은 자연산림이다. 단 자연 토심이 부족한 암반부는 산림이 아닌 초본류나 관목류 등의 식생이 정착하게 되며 이 또한 다양한 입지에서 형성되는 극상식생이라고 볼 수 있다.**

- **천이식생 : 천이가 진행되면서 자연적으로 유입되거나 형성되는 식생은 그 입지 조건과 함께 지속적으로 변화하는 자연이다. 극상의 상태로 진행하는 단계에서 형성된 천이상의 식생과 자연은 현 식생복원계획의 목표이자 내용으로 규정한다.**

이런 천이의 과정에서 형성된 식생과 환경을 '입지부합자연식생'으로 정의할 수 있으며, 이는 잠재자연식생(PNV)과 유사한 개념이나 PNV가 시간적 변화나 진행, 즉 천이과정을 제외한 현재의 입지여건에 부합하는 초기단계에 형성될 수 있는 '가상적' 자연식생을 의미한다면, 입지부합자연식생은 현 입지상태와 일치하는 자연성이 높은 식생을 의미한다. 즉 천이단계에서 나타나는 식생이 입지조건과 일치할 경우 이는 자연식생을 의미하는 것이다.

이와 함께 최근 기후변화를 고려하여 탄소저감능력을 고려한 초본층, 관목층, 아교목층, 교목층의 4개 층위를 갖는 다층구조의 숲을 조성하는 것도 주요한 목표였으며, 이를 위해 탄소흡수 및 저장능력이 뛰어난 식물을 위주로 선정하는 것을 동시에 고려하였다.

또한 앞으로 수십년간 진행될 이 현장의 식생복원을 위해서는 대기오염이나 미세먼지 저감 등의 효과와도 연계하여 검토할 필요가 있겠다.

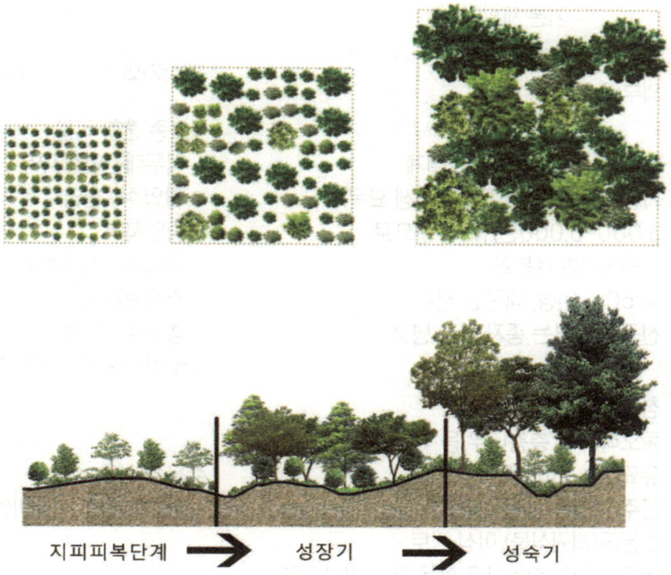

[그림 5-8] 천이단계를 고려한 다층구조의 수림조성 기본 방향

위에서 언급한 여러 가지 복원의 방향 및 기준을 고려하여 현장에 적용하기 위한 식물종을 선정하였다. 복원에 사용하는 식물은 인근지역에 서식하는 종 위주로 하였으며, 주변 식생과 유사한 군락 조성, 초기정착 및 안정화 단계 등 천이과정을 고려하였다.

식생은 지피피복종, 목표종, 선구종 등으로 각각의 특성을 고려하면서 다양성을 추구하였으며, 식재밀도는 복원 부지의 특성에 따라서 3,000~6,000본/ha로 다양화 하였다. 식재에 사용하는 묘목은 용기묘를 기준으로 하며, 복원에 사용할 식물은 인근 산림에 결실된 종자를 인력으로 수급하여 주변 농가, 양묘전문업체 등에 위탁생산 하고 있다.

식재 수종은 복원 지역별로 목표종과 선구종의 비율을 차별화 하였다. 광산지역 주변의 식생을 조사한 결과 정상부에서 8부 능선까지는 신갈나무 및 굴참나무가 우점하며, 6~8부 능선사이에서는 소나무와 신갈나무가 혼재되어 있는 것으로 나타났다. 따라서 백두대간인접지역은 활엽수림 위주로, 채광완료지역은 침엽수림 위주의 목표종을 선정하였다.

복원에 사용되는 식물종 중 참나무류는 이 지역의 자생수종인 신갈나무와 굴참나무를 대상으로 한다. 그러나 현재로서는 이들 수종의 묘목 확보가 용이하지 않은 실정이지만 본격적인 복원 작업은 앞으로 30여 년간 진행될 예정이므로 목표종은 별도의 방법으로 외부 계약재배 및 현장재배를 통해서 확보할 예정이다.

기본 계획	비고
• 묘목형태 : 용기묘 형태 적용 • 묘목생산 : 외부 주문 위탁 생산	- 대상지와 유사조건 제공
• 식재목표 : 목표종(수목) 위주 복원 설계 • 식재시기 : 가을철 및 봄철 식재(1~2년생 묘목) • 식재밀도 : 3,000~6,000본/ha 수준으로 복원목표별 세분화 • 식 생 반 : 폭 50㎝ 이상, 내구성 검토 • 파종혼합 : 선구종 일부는 종자 파종 병행	- 목표종 혼합 비율 • 백두대간인접지역 활엽수 : 침엽수 = 2 : 1 • 중앙지역 활엽수 : 침엽수 = 1 : 1 • 채광완료지역 활엽수 : 침엽수 = 1 : 2 - 1m 이상 묘목은 일부지역 적용
• 목 표 종 : 참나무류와 소나무 • 선 구 종 : 물오리나무, 층층나무 등 적용 • 이　　식 : 유묘(2m 이하) 적용 근주 이식은 현장상황 고려 초본류(희귀식물) 이식 검토 • 비탈섶단 : 버드나무류, 쥐똥나무 활용 가능(일부지역)	- 수목 특성을 세분화 - 수림화를 위한 식재비율 증가

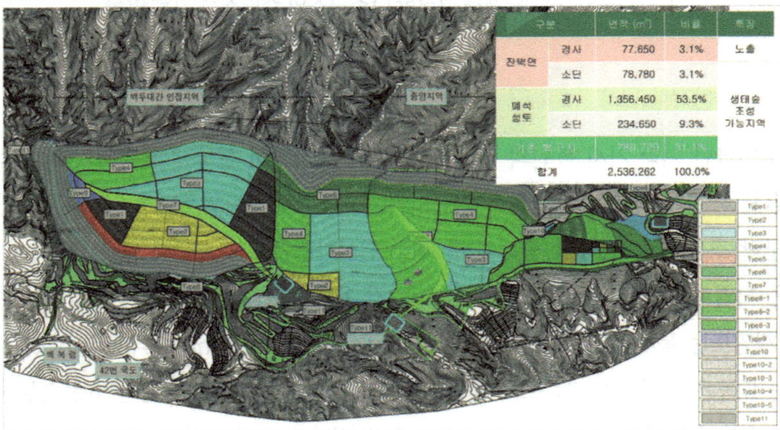

적용 기준

• 목표 : 목표종 직접 식재
• 위치 : 백두대간인접지역
• 적용 : 참나무류와 소나무의 비율은 2:1로 적용

적용 설계

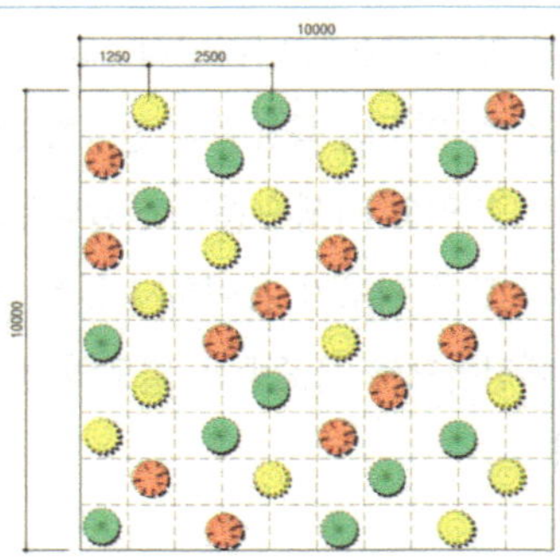

□ 식재개요 및 수량 (100 ㎡)

구분	성상	수종	규격	단위	수량	비고
목표 수종		굴참/신갈나무	2년생묘목	주	27	
		소나무	2년생묘목	주	13	
계				주	40	
식재밀도			4000주/ha(0.4주/㎡)			

□ 재료표 (100㎡)

구분	규격	단위	수량	비고
COIR-NET	Φ5*20*20	M	130	ROLL 2*20M
고정핀	L=200	EA	100	
퇴비		L	50	
SEED-SPRAY		M2	100	

[그림 5-9] 식생복원 종합 계획도

생태복원에서 식물을 도입하는 대표적인 방법

식생복원을 위하여 비탈면에 식물을 도입하는 방법에는 종자를 파종하는 방법과 식물을 직접 식재하는 방법이 있으며, 비탈면의 경우 안정화를 위하여 생태공학적 방법들이 보조적으로 사용된다. 또한 각각의 방법들은 한 가지만 적용되는 것이 아니라 현장 특성에 맞게 복합적으로 적용된다.

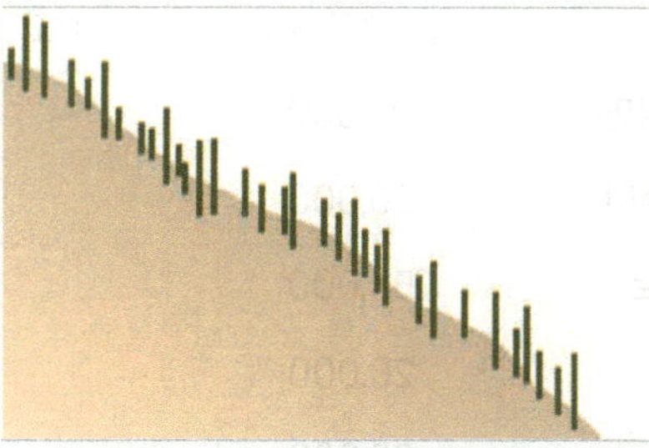

종자 파종

식재 (용기묘 또는 일반묘)

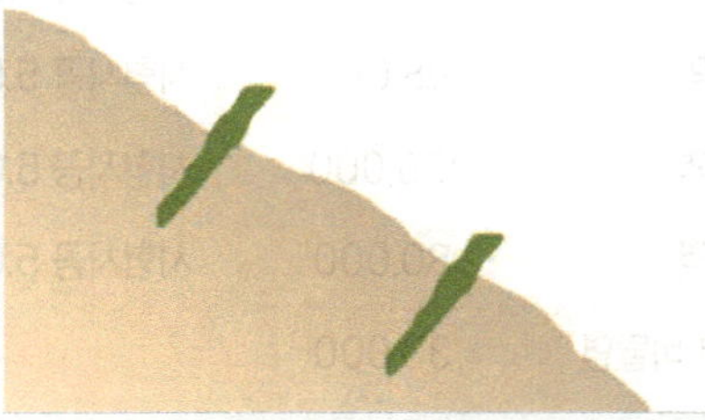

생가지 삽목

생가지 다발 묻기

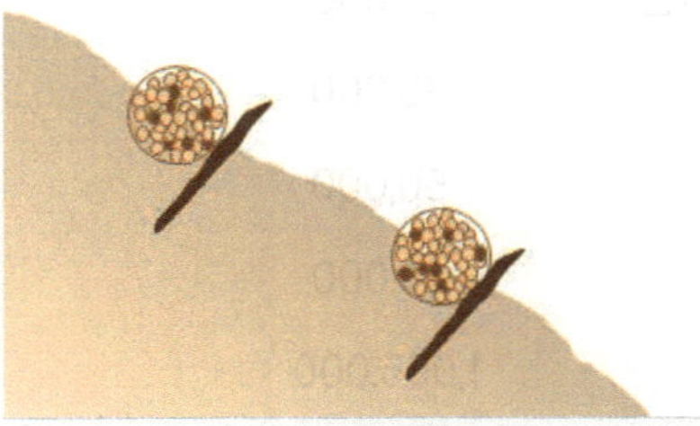

침식방지롤

편책에 삽목 (식재)

식생자루

식생매트/네트 (침식방지)

2) 이전의 복구 방식

옥계 석회석광산에서는 채광이 완료된 곳이 있는 경우 즉시 식생복원 작업을 진행하고 있다. 본격적인 식생복원 작업은 1993년부터 진행되었으며, 백두대간인접지역의 시험시공지를 포함하여 지금까지 약 100ha 면적에서 복원공사가 진행되었다.

[표 5-3] 지금까지의 식생복원공사 추진 실적

구분 (년도)	위치	복구면적 (㎡)	비 고
1993~2002	1호광산 440 운반도로 비탈면	417,000	
2003	2호광산 야생식물 이식장 주변	30,000	
2004	1호 터널주변 1호 운반도로	58,000	
2005	1호광산 골재 C/R주변	20,000	
2006	2호광산 사무실 주변	25,000	
2007	채광완료지역/산림복원지역	42,000	시험시공 1.5ha
2008	채광완료지역/산림복원지역	98,000	시험시공 5.5ha
2009	채광완료지역/산림복원지역	125,000	시험시공 5.0ha
2010	채광완료지역/산림복원지역	80,000	시험시공 5.0ha
2011	1호광산 A통행로/ 6운광로 주변 비탈면	30,000	
2012	2호광산 사무실 주변 비탈면	15,000	
2013	2호광산 new C/R주변 비탈면	20,000	
2015	1호광산 채광완료지역	35,000	
2017	1호광산 채광완료지역	50,000	
2018	1호광산 채광완료지역	20,000	
합 계		1,065,000	

이전의 방식은 생태복원 보다는 조기 녹화 및 복구 위주로 진행이 되었다. 따라서 이곳에는 조기 녹화용 식물이 주로 적용되었으며, 전통적으로 사방용으로 사용하던 족제비싸리, 아까시나무 등이 많이 사용되었다.

2007년부터는 시험시공이 진행 되었는데, 이때부터 생태적 복원의 개념이 적용되었다. 식물종도 외래종 보다는 주변 식생조사 결과를 토대로 선정한 자생종을 위주로 적용하였다. 최근에는 자생종 중에서도 외부에서 반입한 식물보다는 현지에서 직접 채종한 식물을 이용한 파종이나 묘목을 생산하여 이를 이용한 식재 방법이 시범적으로 적용되고 있다.

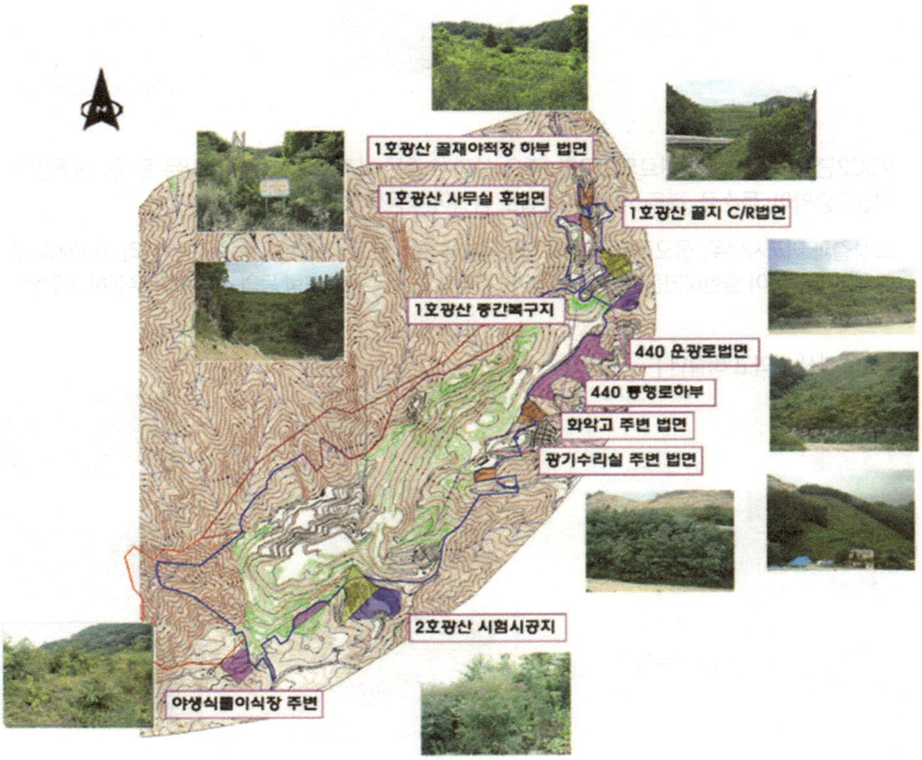

[그림 5-10] 지금까지 수행되었던 식생복원공사

[표 5-4] 기존 방법에 의한 식생복원 주요 사례

[440 통행로 비탈면]

- 2002년에 복원공사가 완료되었으며, 주요 식재 수종은 아까시나무, 물오리나무 등 임. 산돌쌓기, 막돌기슭막이, 돌수로, 복토, 식재, 씨앗살포 방법이 적용되었음
- 조사결과 아까시나무, 물오리나무 등이 아교목층을 점유하고 있으며, 관목층은 참싸리, 아까시나무, 족제비싸리 등이 출현하였음. 초본층은 억새, 큰김의털, 능수참새그령 등의 식재종이 우점하고 있음

[2호 광산 화약고 비탈면]

- 2005년에 복원공사가 완료되었으며, 종자파종, 식재 등의 방법이 적용되었음. 주요 식재수종은 자작나무, 산벚나무, 청단풍, 이팝나무, 산딸나무, 쥐똥나무, 상수리나무 등으로 확인됨
- 조사결과 참싸리가 우점하고 있으며, 족제비싸리, 단풍나무, 자귀나무 등이 관목층을 형성하고 있음. 초본층은 능수참새그령이 우점하고 있으며, 비수리, 큰김의털, 큰각시취, 나도바랭이새 등이 분포함. 특히 건조하고 양지바른 비탈면으로 약 20종의 다양한 초본이 조사되었음

[1호 광산 사무실 비탈면]

- 2004년에 복원공사가 완료되었으며, 현재 참싸리가 우점하는 관목림 지역으로 족제비싸리, 병꽃나무, 은사시나무 등이 출현하였으나 그 비율은 적음
- 상부 구조물로 인해 교목층 식재가 어려워 키작은 관목 위주로 식재되었으며, 초본층은 큰김의털이 우점하며, 쑥, 억새 등이 동반하여 출현하고 있음
- 현재 초본 중 큰김의털의 식생피복도는 90%의 정도로 조사되었음

[1호 광산 중간복구지 비탈면]

- 2009년에 복원공사가 완료되었으며, 복토, 종자파종, 식재 등의 방법이 적용된 관목류 위주의 복원지역임
- 목본으로는 참싸리가 우점하여 나타났으며, 소나무, 물오리나무가 출현하였음. 초본에는 능수참새그령이 우점하고 있으며, 쑥, 억새, 비수리, 금계국 등이 출현하였으나 그 비율은 극히 적은 편임
- 최근 물오리나무의 생장이 두드러지고, 초본 중에 쑥, 억새, 비수리 등이 초장이 70㎝ 이상으로 조사되었음

3) 시험시공

생태복원에서는 좋은 계획을 수립하는 것도 중요하지만 수립된 계획의 현장 적응성을 확인하는 것도 중요하다. 이 현장에서는 기존 복구 위주의 방식에서 생태적 복원을 목표로 하는 방식으로 변경되면서, 계획된 내용이 현장에 적용 가능한지에 대한 검증 과정을 거치도록 하고 있다. 2007년도부터 진행되었던 시험시공은 특히 백두대간에 인접해 있는 광산으로서 일반적인 복구 방법 보다는 자생식물을 이용하는 방법을 현장에서 검증하는 기회가 되었다.

시험시공 대상지는 백두대간 마루금과 인접한 핵심구역에 위치한 지역으로서, 향후 개발되기 이전과 유사한 상태로 지형을 우선 조성하고, 생태적으로 원식생 구조를 복원하기 위한 장소를 선정하였다. 시험시공은 총 4개년간 17ha의 면적(해발고 700~750m)에서 연차적으로 수행하였다.

[표 5-5] 연도별 시험시공 수행 면적 (단위 : ha)

구 분	2007년	2008년	2009년	2010년	합 계
면 적	1.5	5.5	5.0	5.0	17.0

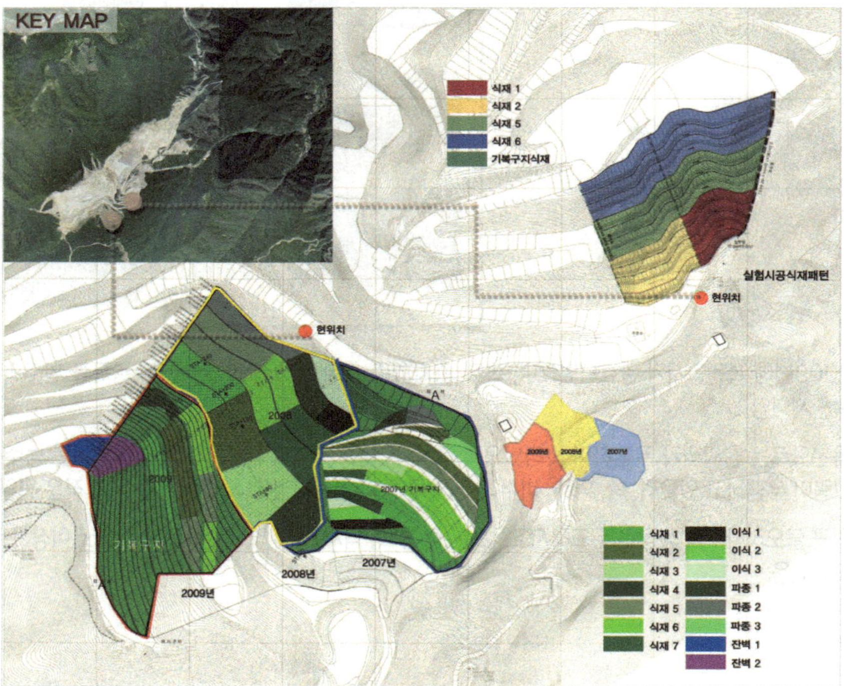

[그림 5-11] 연도별 시험시공 대상지의 위치 및 적용방법

대상지와 유사한 환경조건에 있는 주변 산림지는 신갈나무, 굴참나무, 소나무 군락이 우점을 이루고 있기 때문에 이를 목표종으로 선정하였으며, 보조 식생으로 동반종과 선구종을 추가로 선정하였다.

시험시공은 각 연도별로 식재, 이식, 파종의 방법을 기본으로 하여, 식재밀도 및 수종을 조합하여 다양하게 실시하였다. 식재 방법에서는 목표종과 동반종, 선구종을 구분하고 각 목표종의 혼합 비율, 식재밀도에 따른 배치를 하였으며, 이식 방법에서는 개발 예정지에서 확보한 유목과 성목을 이식하였다. 또한 파종 방법에서는 초본과 목본 종자를 파종하였으며, 목표종과 동반종을 같이 혼합하는 방식을 적용하였다.

이 방법과 함께 수목을 식재하는 방법 중 삽목을 하는 방법, 표면침식 방지를 위해 우드칩을 멀칭하는 방법을 일부 적용하였으며, 종자 파종 방법에서도 종자환의 형태로 만들어서 파종하는 방법을 시범적으로 적용하였다.

[표 5-6] 연도별 시험시공 적용 방법

유형		연도별 적용				2007년~2008년					2009년~2010년			
		2007	2008	2009	2010	식재	식재밀도 (본/ha)	파종	파종량 (g/㎡)	비고	식재밀도 (본/ha)	파종	파종량 (g/㎡)	비고
식재	1	○	○	○	○	목표종	2,500	초본	42		6,900	초본	35	식재간격 1.2m× 1.2m
	2	○	○	○	○	목표종	2,500	목본	40		6,900	목본	40	식재간격 1.2m× 1.2m
	3	○	○			목표종	2,500	표토		우드칩				
	4	○	○			목표종	2,500	표토 초본	42					
	5	○	○	○	○	목표종 동반종	4,400	초본	42		4,400	초본	35	
	6	○	○	○	○	목표종 선구종	4,400	초본	42		4,400	초본	35	
	7	○				목표종 삽단	2,200	-		우드칩				
이식	1	○	○	○		유목	2,500	초본	42		2,500	초본	35	
	2	○	○			성목	1,100	풀포기		우드칩				
파종	1	○	○					초본	42	목표종 파종립				
	2	○	○	○				초본	42	목표종 동반종 종자환		초본	35	목표종 동반종 종자환

시험시공에 사용하는 식물은 광산 주변의 산지와 기존 복구 시공지를 대상으로 식생조사를 수행한 결과를 토대로 1차 선정하였으며, 재료의 확보 가능 여부와 식생복원 효과를 고려하여 다음과 같은 식물을 최종 선정하였다.

[표 5-7] 시험시공에 사용된 식물

유 형	식물종
목표종	굴참나무 *Quercus variabilis* Blume 상수리나무 *Quercus acutissima* Carruth. 신갈나무 *Quercus mongolica* Fisch. 졸참나무 *Quercus serrata* Murray 떡갈나무 *Quercus dentata* Thunb. 소나무 *Pinus densiflora* Siebold & Zucc.
동반종	산벚나무 *Prunus sargentii* Rehder 보리수나무 *Elaeagnus umbellata* Thunb. 국수나무 *Stephanandra incisa* (Thunb.) Zabel 산초나무 *Zanthoxylum schinifolium* Siebold & Zucc. 당단풍나무 *Acer pseudosieboldianum* (Pax) Kom. 층층나무 *Cornus controversa* Hemsl. 화살나무 *Euonymus alatus* (Thunb.) Siebold 생강나무 *Lindera obtusiloba* Blume
선구종	자귀나무 *Albizia julibrissin* Durazz. 개쉬땅나무 *Sorbaria sorbifolia* var. *stellipila* Maxim. 붉나무 *Rhus javanica* L. 물오리나무 *Alnus sibirica* Fisch. ex Turcz.
비탈섶단	키버들 *Salix koriyanagi* Kimura ex Goerz 호랑버들 *Salix caprea* L. 쥐똥나무 *Ligustrum obtusifolium* Siebold & Zucc.
이식	Quercus속 *Quercus* spp. 소나무 *Pinus densiflora* Siebold & Zucc. 동반종
직파/파종립	Quercus속 *Quercus* spp.
파종(목본)	자귀나무 *Albizia julibrissin* Durazz. 붉나무 *Rhus javanica* L. 물오리나무 *Alnus sibirica* Fisch. ex Turcz. 단풍나무 *Acer palmatum* Thunb. 낭아초 *Indigofera pseudotinctoria* Matsum. 참싸리 *Lespedeza cyrtobotrya* Miq.
파종(초본)	벌노랑이 *Lotus corniculatus* var. *japonica* Regel 비수리 *Lespedeza cuneata* G.Don

유 형	식물종
파종(초본)	쑥 *Artemisia princeps* Pamp. 왕김의털 *Festuca rubra* L. 솔새 *Themeda triandra* var. *japonica* (Willd.) Makino 억새 *Miscanthus sinensis* var. *purpurascens* (Andersson) Rendle 새 *Arundinella hirta* (Thunb.) Tanaka 마타리 *Patrinia scabiosifolia* Fisch. ex Trevir. 벌개미취 *Aster koraiensis* Nakai 산국 *Dendranthema boreale* (Makino) Ling ex Kitam. 쑥부쟁이 *Aster yomena* (Kitam.) Honda 구절초 *Dendranthema zawadskii* var. *latilobum* (Maxim.) Kitam.

▶ 적용 방법

지형복원 분야에서는 토공, 구조물공, 기반조성공을 시행하였으며, 식생복원 분야에서는 지역의 자생종을 이용한 식재공과 파종공을 시행하였다.

우선 기반안정을 위하여 폐석을 이용한 완경사지(1:2 경사)를 조성하였으며, 그 위에 양질의 토사를 이용하여 두께 90㎝ 이상의 복토를 실시하였다. 복토된 토양 위에 수직높이 5~10m 간격으로 횡방향의 소단을 설치하였으며, 배수를 고려하여 종방향의 돌수로를 설치하였다. 또한 경사지에서 표면 침식을 방지하기 위하여 전면에 Coir net를 설치하였다.

식생기반은 주변 상태와 유사한 수림으로의 복원을 위해 경사지에 폐석을 채우고 그 위에 개량된 토양을 채워 조성하였다. 복토에 사용된 토양은 표토층 조성을 위해 현지의 토양과 유기퇴비를 혼합하여 개량하였다.

기반 정리, 배수로 설치, 흙막이

토양 층 조성 및 개량

표토 채취, 묘목 반입, 식재

네트 설치, 종자 파종

[그림 5-12] 생태복원을 위한 시험시공 수행 과정

[표 5-8] 시험시공지의 식생기반 조성 기준

층구분	층깊이	폐석	혼합토(표토+폐석)	퇴비	톱밥	계
표토층	30㎝	60%	20	10	10	100
복토층	60㎝	60%	30	5	5	100

사용된 식물은 목표종, 동반종, 선구종으로 구분하였다. 목표종으로는 소나무, 참나무류(상수리나무, 신갈나무, 굴참나무)를 적용하였으며, 동반종(층층나무, 산벚나무, 산딸나무, 개쉬땅나무 등)과 선구종(물오리나무, 자귀나무, 붉나무 등)을 적용하였다.

파종은 조기 피복을 목표로 하는 초본형과 수림 조성을 목표로 하는 목본형으로 구분하여 적용하였다. 이와 함께 매토종자(seed bank)의 활용을 위하여 주변 산지에서 토양의 교란을 최소화하는 범위 내에서 표토를 채취하여 사용하였다.

4) 모니터링 및 평가

모니터링은 시공 단계에서부터 지속적으로 수행하였으며, 식생조사와 토양조사를 병행하였다.

조사된 결과를 토대로 시험시공 결과를 평가하기 위한 기준을 우선 수립하였다. 기준은 ① 지형안정성, ② 생태성 및 자연성, ③ 지속가능성, ④ 경제성 및 시공성의 4개 지표로 구분하여 평가를 수행하였다.

[표 5-9] 시험시공 평가에 활용한 지표

<table>
<tr><th colspan="4">항 목</th><th>평가기준 및 방법</th></tr>
<tr><td rowspan="4">지형
안정성</td><td rowspan="2">안정성</td><td colspan="2">기반 붕괴</td><td>기반의 침하, 붕괴</td></tr>
<tr><td colspan="2">표층부</td><td>표층부 침식, 유실</td></tr>
<tr><td rowspan="2">기반
특성</td><td colspan="2">물리적 특성</td><td>토양경도, 가밀도, 수분보유력 등</td></tr>
<tr><td colspan="2">화학적 특성</td><td>토양산도, 유기물, CEC 등</td></tr>
<tr><td rowspan="9">생태성 /
자연성</td><td rowspan="2">재료
품질</td><td colspan="2">종자 발아율</td><td>종자 발아율 검증자료 분석</td></tr>
<tr><td colspan="2">수목 상태</td><td>반입수목의 상태 검수</td></tr>
<tr><td rowspan="5">식물
생육</td><td colspan="2">식생피복율</td><td>식생피복율 목표기준 평가</td></tr>
<tr><td colspan="2">수목활착율</td><td>식재수목의 활착율 평가</td></tr>
<tr><td colspan="2">식생생육량</td><td>목표기준의 달성여부 평가</td></tr>
<tr><td colspan="2">다층구조</td><td>다층군락의 조성 여부</td></tr>
<tr><td colspan="2">병충해</td><td>병충해, 식생의 건강성 평가</td></tr>
<tr><td rowspan="2">종
다양성</td><td rowspan="2">생육본수
출현종수</td><td>목본</td><td>목표기준의 달성여부 평가</td></tr>
<tr><td>초본</td><td>목표기준의 달성여부 평가</td></tr>
<tr><td rowspan="2">지속
가능성</td><td>경관</td><td colspan="2">주변 경관 조화</td><td>주변 지역과의 조화 평가</td></tr>
<tr><td>자연성</td><td colspan="2">자연회복</td><td>기존 산림으로의 복구</td></tr>
<tr><td rowspan="4">경제성 /
시공성</td><td rowspan="2">경제성</td><td colspan="2">시공단가</td><td>초기투입 시공비 기준</td></tr>
<tr><td colspan="2">재료 조달</td><td>재료 조달의 용이성 평가</td></tr>
<tr><td rowspan="2">시공성</td><td colspan="2">시공효율성/안정성</td><td>시공 효율성 평가</td></tr>
<tr><td colspan="2">유지관리 편리성</td><td>유지관리 편리성 평가</td></tr>
</table>

[그림 5-13] 시험시공지 식생복원 과정

다음은 시험시공 유형 중 식재방법에 대하여 정성적으로 평가한 결과이다.

[표 5-10] 식재방법별 종합평가 결과

항 목				1 목표 초본	2 목표 목본	3 목표 표토	4 목표 표+우	5 동반 초본	6 선구 초본	7 섶단 우드
지형 안정성	안정성	기반 붕괴		●	○	○	○	●	●	-
		표층부		○	-	-	○	○	○	-
	기반 특성	물리적 특성		○	○	○	○	○	○	○
		화학적 특성		-	-	-	-	-	-	-
생태성 / 자연성	재료 품질	종자 발아율		●	-	-	●	●	●	-
		수목 상태		-	-	-	-	○	○	●
	식물 생육 식물	식생피복율		●	-	-	●	●	●	○
		수목활착율		-	-	-	-	○	○	●
		식생생육량		-	-	-	-	○	○	●
		다층구조		○	○	-	○	○	○	-
		병충해		●	●	●	●	●	●	●
	종 다양성	생육본수 출현종수	목본	○	○	-	○	●	●	●
			초본	●	-	○	●	●	●	-
지속 가능성	경관	주변 경관 조화		●	-	-	○	●	○	-
	자연성	자연회복		●	-	-	○	○	○	-
경제성 / 시공성	경제성	시공단가		○	○	-	-	○	○	-
		재료 조달		○	○	-	-	●	●	●
	시공성	시공효율성/안정성		○	○	-	-	○	○	-
		유지관리 편리성		○	○	○	○	○	○	○
평가				●				●	●	

※ ● 양호, ○ 보통, - 불량

식재방법 중에서는 유형 1(목표종 식재와 초본 파종), 5(동반종 식재와 초본종 파종), 6(선구종 식재와 초본종 파종) 방법이 본 현장에 적합한 것으로 분석되었다. 유형 2(목본류)는 파종된 목본종자의 발아가 늦어져 초기 생육이 양호하지 않았으며, 유형 3(목표종 식재와 표토 혼합), 유형 4(목표종 식재와 표토 혼합, 우드칩 멀칭)는 포트 내에 함유된 매토종자의 발아 및 생육이 기대치에 못 미치면서 높은 평가를 받기 어려웠다. 유형 7(섶단)은 적용된 수목의 활착율은 양호하였지만, 전체 공간에 식생이 활착되는 시간이 오래 걸렸기 때문에 상대적으로 낮은 평가를 받게 되었다.

시공 초기에는 적용 방법에 따른 식생복원 효과가 차이가 있었으나, 시공 후 5년 정도가 경과한 시점에서는 모든 시험구에서 식생피복도가 100%에 달할 정도로 식생복원 효과는 양호하였다.

다음은 시험시공 유형 중 이식 및 파종 방법에 대하여 정성적으로 평가한 결과이다.

[표 5-11] 파종방법별 종합평가 결과

<table>
<tr><th colspan="4" rowspan="2">항 목</th><th colspan="2">이식</th><th colspan="2">파종</th></tr>
<tr><th>1 유목</th><th>2 성목</th><th>1 목표</th><th>2 목표+동반</th></tr>
<tr><td rowspan="4">지형 안정성</td><td rowspan="2">안정성</td><td colspan="2">기반 붕괴</td><td>●</td><td>●</td><td>○</td><td>○</td></tr>
<tr><td colspan="2">표층부</td><td>●</td><td>○</td><td>-</td><td>-</td></tr>
<tr><td rowspan="2">기반 특성</td><td colspan="2">물리적 특성</td><td>○</td><td>-</td><td>-</td><td>-</td></tr>
<tr><td colspan="2">화학적 특성</td><td>-</td><td>-</td><td>-</td><td>-</td></tr>
<tr><td rowspan="9">생태성 / 자연성</td><td rowspan="2">재료 품질</td><td colspan="2">종자 발아율</td><td>○</td><td>-</td><td>○</td><td>○</td></tr>
<tr><td colspan="2">수목 상태</td><td>●</td><td>-</td><td>-</td><td>-</td></tr>
<tr><td rowspan="5">식물 생육</td><td colspan="2">식생피복율</td><td>○</td><td>-</td><td>-</td><td>-</td></tr>
<tr><td colspan="2">수목활착율</td><td>●</td><td>-</td><td>-</td><td>-</td></tr>
<tr><td colspan="2">식생생육량</td><td>○</td><td>○</td><td>-</td><td>-</td></tr>
<tr><td colspan="2">다층구조</td><td>●</td><td>●</td><td>-</td><td>-</td></tr>
<tr><td colspan="2">병충해</td><td>○</td><td>○</td><td>○</td><td>○</td></tr>
<tr><td rowspan="2">종 다양성</td><td rowspan="2">생육본수 출현종수</td><td>목본</td><td>●</td><td>●</td><td>-</td><td>-</td></tr>
<tr><td>초본</td><td>○</td><td>-</td><td>○</td><td>○</td></tr>
<tr><td rowspan="2">지속 가능성</td><td>경관</td><td colspan="2">주변 경관 조화</td><td>●</td><td>●</td><td>-</td><td>-</td></tr>
<tr><td>자연성</td><td colspan="2">자연회복</td><td>●</td><td>●</td><td>-</td><td>-</td></tr>
<tr><td rowspan="4">경제성 / 시공성</td><td rowspan="2">경제성</td><td colspan="2">시공단가</td><td>●</td><td>-</td><td>●</td><td>●</td></tr>
<tr><td colspan="2">재료 조달</td><td>○</td><td>-</td><td>○</td><td>○</td></tr>
<tr><td rowspan="2">시공성</td><td colspan="2">시공효율성/안정성</td><td>○</td><td>○</td><td>○</td><td>○</td></tr>
<tr><td colspan="2">유지관리 편리성</td><td>○</td><td>○</td><td>○</td><td>○</td></tr>
<tr><td colspan="4">평가</td><td>●</td><td></td><td></td><td></td></tr>
</table>

※ ● 양호, ○ 보통, - 불량

이식 유형 중에서는 유목을 이식한 이식 1이 초기 효과가 우수하였으며, 수목상태나 활착율에서 비교적 높은 평가를 받았다. 성목을 이식한 이식 2는 이식된 수목의 활착율이 낮아서 일부 개체가 고사하는 문제점이 나타났다.

파종 방법의 경우 시공성은 우수하지만 초기 피복효과 면에서 볼 때 광산현장에 적용하기 부적합한 것으로 보이므로 단순종자 파종 방식(시드스프레이) 외에 식생기반을 함께 조성해 주는 얇은층 식생기반재뿜어붙이기 방식으로 보완하는 것이 바람직할 것으로 판단된다.

각 유형별로 수행한 평가 결과를 토대로 결론을 유추하면 다음과 같다.

[표 5-12] 시험시공지의 식생 종합 평가표

<table>
<tr><th colspan="2">항 목</th><th>종합평가 내용</th></tr>
<tr><td rowspan="2">지형
안정성</td><td>안정성</td><td>• 비교적 안정적이나 표층부 안정화 대책 수립 필요
• 식생기반층의 침식방지를 위한 멀칭 필요
• 동결융해에 의한 표층부 들뜸 방지</td></tr>
<tr><td>기반
특성</td><td>• 토양물리성은 양호하나 화학성은 미흡함
• 초기 목본종 생육을 위하여 토양내 유기물함량 등의 개선 필요
• 답압지역 회복 필요(평지의 답압 현상)
• 배수로의 기능 유지 방법 검토
• 흙 성분의 유실방지 대책</td></tr>
<tr><td rowspan="3">생태성 /
자연성</td><td>재료
품질</td><td>• 반입 수목의 현지 적응성이 낮음
• 외부 반입 수목의 현지 적응기간 필요
• 현지에서 직접 종자원 확보
• 용기묘 활용(묘포장, 위탁재배, 직접 생산)
• 기타 재료(퇴비, 우드칩, 표토) 확보 방안 수립</td></tr>
<tr><td>식물
생육</td><td>• 조기 피복효과 제고 방안(배합비율, 양 조정)
• 방풍림, 지지목의 설치 고려
• 외부 반입 수목의 뿌리분 검토 및 식재방법 개선
• 식생배합 조정(다층구조 목표 재설정)</td></tr>
<tr><td>종
다양성</td><td>• 녹화용 식물의 초기 정착은 양호하나 현지 식생으로 전환이 늦음
• 단계별 종다양성 변화상황 점검
• 일부 수종의 우점현상 조절
• 동물종 서식지와 연계한 검토</td></tr>
<tr><td rowspan="2">지속
가능성</td><td>경관</td><td rowspan="2">• 주변 경관과의 조화는 중장기적으로 평가하도록 함
• 참조생태계와 시공지와 비교 검토</td></tr>
<tr><td>자연성</td></tr>
<tr><td rowspan="2">경제성 /
시공성</td><td>경제성</td><td>• 재료 조달 및 시공방법의 경제성 검토 필요
• 복구목표(위치 등)별 차별화된 시공단가 검토</td></tr>
<tr><td>시공성</td><td>• 산지 공사의 특성상 시공방법, 시공시기에 따른 검토 필요
• 유지관리 방안과 연계한 계획 수립</td></tr>
</table>

다음은 시험시공에 적용된 식물별로 종합적인 평가를 실시한 결과이다.

[표 5-13] 식물 종합평가 결과

유 형	현황분석	활용가능 식물 및 적용 방안
목표종	산림식생과의 일치 여부 검토 반입 묘목의 조건 구비	- 참나무류(상수리나무 외)의 종류 다양화 - 소나무 용기묘 적용 - 식재 후 주변 밑풀베기 작업 실시(초기 3년 이상) - 토양특성을 고려한 목표종 비율 조정
동반종	생육속도 느림, 경쟁에서 밀림	- 산벚나무, 보리수, 층층나무 적용 가능 - 식생반(유니트묘 형태) 적용 - 뿌리분의 상태 점검
선구종	식재조건별 생육 차이	- 개쉬땅나무는 식재로 적용 - 자귀나무, 붉나무 등은 파종으로 적용 - 식생반(유니트묘 형태) 적용 - 물오리나무의 우점 현상 검토
비탈섶단	버드나무 우수 쥐똥나무 쇠퇴	- 산지 생육 가능 버드나무류 도입 - 삽목으로 적용할 수 있는 식물 다변화
근주 /유목이식	이식 수목의 종류 제한적 활착율 저하	- 유묘 이식이 효과적 - 방풍책 및 지지목 강화
직파 /파종립	고사 개체 발생	- 적용 방법의 다변화 필요
파종(목본)	일부 수종만 발아 생육	- 자귀나무, 낭아초, 참싸리, 물오리나무는 파종에 의한 착생 가능 - 단풍나무는 식재로 적용
파종(초본)	일부 종에 의한 우점 생육 속도 차이 발생	- 쑥, 벌노랑이의 사용비율 조절 - 새류(억새, 새 등)는 파종 3년 후 피복효과 발휘 - 현지 식물 종자 채종 방법 적용 - 초본류 야생풀포기 이식방법 검토 - 적용 후 단계별로 피복상황 예측 필요 - 매토종자의 성능평가 필요

[표 5-14] 파종 식물의 적용성 평가 결과

구 분			2008년	2010년	2012년	2014년	2016년	2018년
목본종	교목류	자귀나무	△	△	●	●	●	●
		붉나무	-	△	△	△	-	-
		물오리나무	△	△	△	●	●	●
		단풍나무	-	-	-	-	-	-
	관목류	낭아초	-	△	△	-	-	-
		참싸리	●	●	●	●	●	●
초본종	질소고정용	벌노랑이	●	●	●	●	●	△
		비수리	●	●	●	●	△	△
	토양안정용	쑥	●	●	●	●	●	●
		왕김의털	-	-	-	-	-	-
		솔새	-	-	-	-	△	△
		억새	-	△	△	●	●	●
		새	●	●	●	●	●	●
	경관용	마타리	-	△	△	●	△	-
		벌개미취	-	△	-	-	△	●
		산국	●	●	●	●	●	●
		쑥부쟁이	△	△	△	●	△	△
		구절초	-	-	-	-	△	△

※ 판단기준 ● : 양호, △ : 보통, - : 불량

[그림 5-14] 파종 시험시공지에서 식생피복의 변화

각 시험지를 대상으로 연차별 식생피복도의 변화양상을 조사한 결과 시공 후 각 시험구별 식생피복도는 초기 3년 정도가 경과할 때 까지는 50% 이하 수준을 보였으며, 4~5년 정도가 경과한 시점에서 식생피복도는 80% 이상으로 급격히 증가하였다. 2012년도에 전체 시험구에서 식생피복도가 약간 저하되는 현상이 나타났으나, 2013년도부터 큰 폭으로 개선되었다. 또한 이후 식생피복도는 90% 이상으로 증가하여 그 상태가 계속 유지되고 있다.

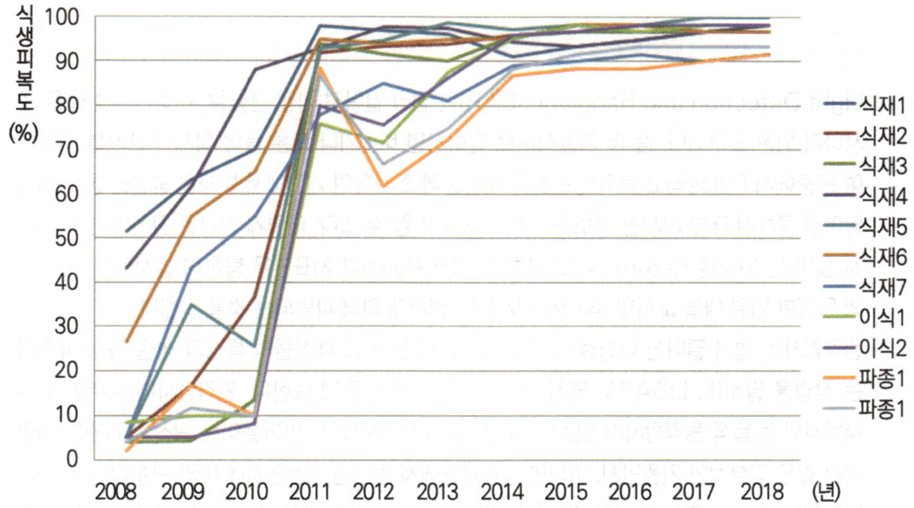

[그림 5-15] 각 처리별 식생피복도(%)의 변화

식생이 활착되는 초기단계에서는 소규모 조사구(1m×1m, 2m×2m 등)의 경우 육안으로 평가가 가능하지만, 대면적(10m×10m, 20m×20m 등)을 대상으로 식생이 어느 정도 성장한 상태에서는 수관투영도 등을 작성해서 식생피복도를 측정하게 된다. 이들 방법은 전통적으로 사용되고 있는 방식이지만 조사자에 따른 차이가 발생할 수 있는 한계를 가지고 있다.

최근에는 식생피복도, 수고 등과 같이 식물의 생육변화를 라이다를 이용한 조사 방법으로 측정 및 평가가 가능한데, 이를 통해서 얻을 수 있는 정보들이 매우 다양하고 비교적 정확해지고 있다. 향후 이 현장은 새로운 방법을 활용하여 평가를 지속적으로 수행할 계획이다.

산림조사에서 라이다의 활용

Light Detection and Ranging(LiDAR)란 멀리 떨어져 직접 관찰할 수 없는 대상물을 조사하기 위한 도구이다. 좀 더 기술적으로 말하자면 비행기나 드론 등에 탑재된 센서를 이용하여 공중에서 Pulse라고 불리는 광선을 대상물에 조사하여 거기에서 반사된 광선을 통해 멀리 떨어진 물체에 대한 자세한 정보를 얻는 것이라고 할 수 있다. 이렇게 반사된 광선이 센서에 다시 돌아 온 현상을 Return이라고 부른다. 결국 Pulse가 지표면을 향하여 발사되고, 지구상의 일정한 범위 내를 조사한 후 다시 반사되어 센서에 의해 파악되는 것을 말한다.

원격탐사는 멀리 떨어진 대상물에 직접 접촉하지 않고 그 대상물의 특성과 성질 등을 파악하는 작업을 말하며, LiDAR도 역시 이런 원격탐사의 일종에 속한다. 원격탐사에는 수동적 원격탐사와 능동적 원격탐사가 있는데, 이는 원격탐사센터에서 받아들이는 광선의 기원이 태양광선 같은 외부적인 기원인지, 아니면 센서자체에서 발사된 광선인지에 따라 구분하는 것이다. LiDAR는 Pulse라는 광선을 발사하여 조사하는 방식이기 때문에 능동형 원격탐사 시스템이다. 일반적으로 이런 능동적인 센서를 이용하여 조사하는 것이 정확도 면에서 수동형보다 높은 편이다.

현재 LiDAR는 1초에 160,000번의 Pulse를 전송하고, 반사된 Pulse는 여러 가지 정보를 가지고 있는 몇 백만개의 포인트를 생성한다. 여기서의 취득되는 정보에는 반사의 횟수, 위치, 높이, 반사에너지의 강도 등 여러 가지가 있다. 최근 기술이 많이 발전하면서, 이를 통해 얻을 수 있는 정보도 훨씬 더 정확하고 정밀해지고 있다.

- 반사의 횟수

숲 속에 가면 태양광선이 숲 속의 나무들을 헤치고 통과하여 지표면에 광선이 닿는 것을 볼 수 있다. 이렇게 숲 속을 통과해 숲 내부를 볼 수 있게 하는 것은 LiDAR의 Pulse도 마찬가지 이다. 숲속에 발사된 Pulse도 수관이나 하층 식생 등을 통과하여 지면에 닿게 된다. 하지만 이 과정에서도 Pulse는 여러 단계를 통해 반사가 된다. 이렇게 반사된 Pulse를 통해 우리는 많은 양의 정보(반사된 포인트)를 얻게 될 수 있다. 산림의 경우 위와 같이 지표면에 닿기 전에 3번에 걸친 반사현상이 일어난다. 하지만 수목이 없는 산림의 경우에는 이러한 반사현상이 일어나지 않을 것이다. 또한 이런 반사는 모든 나무에 대해 일정하게 나타나는 것이 아니고 나무의 모양, 산림의 형태 및 구성에 따라 다르기 때문에 LiDAR를 통해 위와 같은 정보를 얻을 수 있게 된다.

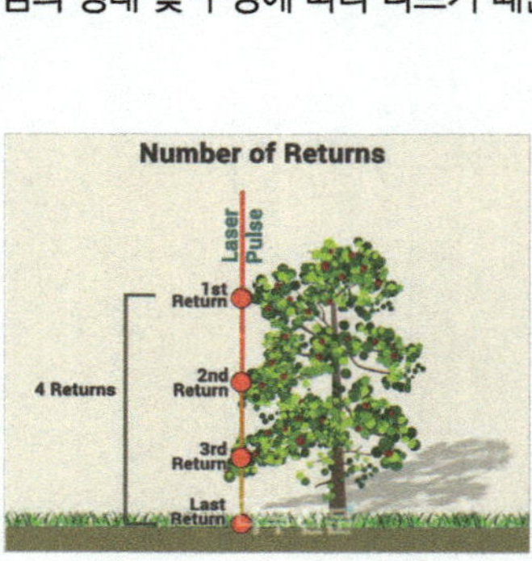

- 수치표고모델(Digital Elevation Models)
  Digital Elevation Models이란 지구 표면의 높이를 수치모델로 제작한 지도를 말한다. 이런 DEM 자료는 LiDAR를 통해 얻을 수 있는데, 이는 결국 최종적으로 반사된 Pulse를 이용하여 수치표고모델을 정하는 것이다. LiDAR를 이용하여 수치표고모델을 구하는 것은 간단하다. 반사된 에너지 중 가장 마지막에 반사된 에너지가 토양에서 반사된 에너지일 것이므로, 마지막 반사된 점들을 모아 모델로 구성하면 그것이 바로 수치표고모델이 되는 것이다. 이렇게 해서 얻어진 DEM 자료는 지형분석을 하는 데에 있어 매우 유용한 자료로 사용된다. DEM을 통해 분석할 수 있는 자료는 경사도, 경사방향, 음영분석 등이 있다.

- 수관높이모델(Canopy Height Model, CHM)
  LiDAR는 지표면에 대한 정확한 정보를 제공한다. 이런 정보들 중에는 지표면 상에 있는 물체까지 포함하는 수치표면모델(Digital Surface Model, DSM)을 얻을 수 있다. 이러한 정보를 바탕으로 우리는 수관의 높이를 측정할 수 있는 모델 즉 Normalized Digital Surface Model(nDSM)을 얻을 수 있고 이것을 통해 사물의 진정한 지형의 높이를 알 수 있게 된다. 수목을 대상으로는 처음에 반사되는 값에 마지막의 반사값을 빼면 그 물체의 높이를 쉽게 계산할 수 있다.

- 광선밀도(Light Intensity)
  반사되는 Pulse의 강도는 표면에 있는 물질의 조합에 따라 다르다. 이런 반사되는 비율을 LiDAR의 밀도라고 부른다. 이러한 광선밀도에 영향을 미치는 요소는 다양하다. 범위, 입사각, 광선, 수용체 및 표면의 구성(가장 영향을 많이 미침) 등이 광선밀도에 영향을 미친다. 펄스가 많이 변곡될 때 반사되는 에너지는 감소한다. 이러한 광선밀도는 현재 토지의 이용과 토지피복의 특성을 이해하는데 도움을 준다.

- 포인트 분류
  LiDAR에 의해 추출된 데이터들은 각 점이 특별한 특성에 의해 분류되어 저장된다. 이를 Point Classification이라 하는데, 측정을 하면서 반자동적으로 포인트의 특성이 분류되어 저장되게 된다. 하지만 모든 점을 우리가 원하는 특성에 따라 분류할 수는 없으므로, 이러한 포인트 분류는 주로 측정의 목적에 따라 분류하기도 한다. 미국 사진측량 및 원격탐사학회(American Society for Photogrammetry and Remote Sensing)에서는 미리 분류코드를 정하여 놓았는데, 여기에는 토지, 식생(하층, 중층, 고층), 건물, 물 그리고 미분류 등이 그것이다. 또한 포인트를 분류할 때 한 점이 여러 특성을 가지고 있는 경우도 있는데, 이런 경우에는 이러한 점은 2차적인 특성을 가지고 분류하게 된다.

산림은 일반적으로 대면적이고, 경사가 심해 접근이 쉽지 않은 지역이 많다. 하지만 산림을 정확히 이해하고 정보를 파악해야만 우리 산림을 어떻게 가꾸고, 보전해야 할지에 대한 실행계획을 세울 수 있게 된다. 이런 경우에 이러 LiDAR기술을 통한 산림조사는 산림에 대한 정확한 정보를 파악하는데 많은 도움을 줄 수 있을 것이다.

※ 자료 : 노윤석, (주)일림

5) 세부 방법별 고찰

▶ 종자 파종 방법의 초기(3년간) 효과[3)]

생태복원을 위한 시험시공 방법 중에서 종자배합 유형과 표토의 혼합 유무에 따른 효과를 파악하기 위하여 시험구를 재분류 하였다. 시험구는 (Tr.1) 초본위주형 종자파종, (Tr.2) 목본위주형 종자파종, (Tr.3) 표토혼합 무파종, (Tr.4) 표토혼합 초본위주형 종자파종으로 구분하였다.

[표 5-15] 종자파종 처리 유형

구분	Tr.1	Tr.2	Tr.3	Tr.4	합계
처리방법	초본위주형 파종	목본위주형 파종	표토	표토혼합 초본위주형 파종	
파종량 (g/㎡)	42	40	0	42	
시험구 면적 (㎡)	2,109	1,915	1,046	755	5,825

시험구가 경사지에 조성되어 있기 때문에 바람이나 강수에 의한 침식을 방지하고, 파종된 종자의 발아조건을 개선해주기 위하여 파종 후 코이어네트(coir net)로 멀칭하고 고정하였다. 또한 광산 개발 예정지역에서 상부 30㎝ 까지의 표토를 조심스럽게 수거하여 양질의 표토를 확보하였다. 표토를 이용한 시험구는 복토를 80㎝ 두께로 실시한 경사지 위에 표토와 양토를 1:1로 혼합하여 10㎝ 두께로 포설하여 총 복토 두께를 90㎝로 동일하게 맞추었다(Tr.3과 4).

식물의 생육에 영향을 미치는 주요한 인자 중의 하나가 토양으로서, 식물은 생육기반인 토양 내의 이화학적 특성에 따라 생장이 좌우되게 된다. 특히 광산과 같이 원지형의 토양이 제거되고 복구를 위하여 외부 토양을 반입하는 곳에서는 식생기반의 재료, 조성방법이 더욱 중요한 요인이 된다. 시험시공지에서 토양 물리성을 조사 분석한 결과는 다음과 같다.

[표 5-16] 토양 입도 및 토양경도 측정결과

항목	입도 분포 (%)			토양경도지수 (㎜)*
	모래	미사	점토	
측정값	54.0	18.6	27.5	16.7

* 토양경도지수는 산중식토양경도계로 측정함

3) 김경훈 등. 2011. 백두대간에 인접한 석회석 광산의 식생복구 연구(1) -종자파종에 의한 옥계 광산복구 시험시공-.

토양의 입도분석 결과 모래함량은 54.0%로 채취한 시료의 대부분이 모래와 같은 비교적 굵은 입자가 차지하는 비율이 높았다. 토성은 미농무부분류법에 의거할 때 사질식양토로 분류되고 있다. 이와 같은 조건에서는 식물체의 뿌리 발달은 양호해질 수 있지만 토양내 통기성, 통수성이 높기 때문에 식물 생육기반내 토양함수 조건이 나쁠 것으로 예상할 수 있다.

시험시공지에서의 토양경도를 측정한 결과 토양경도는 16.7㎜ 이었으며, 이는 국토해양부(2009)에서 제시하고 있는 녹화기반층의 식물생육한계 토양경도인 23㎜ 보다 낮은 수준이므로 식물 생육에 문제가 없는 상태인 것으로 분석되었다.

다음은 시험시공지 토양의 화학성을 분석한 결과이다.

[표 5-17] 시험지 토양의 화학성 분석 결과

항목	질소 (%)	탄소 (%)	C/N	유기물 함량 (%)	치환성 양이온 (cmol/kg)				pH (H_2O)1:5
					K^+	Na^+	Ca^{++}	Mg^{++}	
측정값	0.65	2.12	3.32	3.55	0.25	0.65	34.29	2.16	8.1

시험시공지 토양의 유기물함량은 3.55%이었으며, 토양산도의 경우 석회석광산을 특성을 반영하듯이 pH 8.1 정도로 나타났다. 전체적으로 볼 때 시험시공지의 토양은 주로 사질토 위주로 조성이 되었으며, 기타 이화학적 성분은 식생생육에 큰 영향을 미치지 않는 범위를 보였다.

토양용적밀도는 단위부피당 토양의 무게를 비교한 것으로서 토양용적밀도가 높다는 것은 토양이 답압되어 있는 상태를 나타낸다고 볼 수 있다. 답압이 심하게 된 토양에서는 투수성이 떨어지고 식물의 뿌리가 생장하는데 스트레스를 받게 된다. 답압이 되어 있는 토양은 시간이 경과하여 식물이 자라면서 표층부에 낙엽층이 쌓이고 토양미생물의 활동 증가, 뿌리의 생장 등으로 인하여 점차 부드럽게 변하면서 토양용적밀도가 낮아지게 된다.

[표 5-18] 시험시공 초기 토양용적밀도의 변화

항목	시험시공지			대조구*
	1년 후	2년 후	3년 후	
측정값	1.612	1.363	1.264	0.782

* 대조구는 인근의 활엽수림지임

주변 산림지역의 토양용적밀도가 0.78 수준이라고 볼 때 시험시공지의 토양용적밀도는 1.26~1.61 사이를 나타내고 있으며, 이 수치는 주변의 자연 상태보다는 상대적으로 높아 답압된 상태라고 해석할 수 있다. 이유는 경사지에 식생기반을 조성할 때 안정성 확보를 위하여 중장비를 이용하여 토양을 다져주었기 때문인 것으로 판단된다.

측정결과 시공 후 시간이 경과됨에 따라서 토양용적밀도가 회복되는 경향을 보이고 있다. 따라서 시험시공지에서와 같이 외부의 답압요인이 추가되지 않고, 기반토양이 충분한 두께를 가지고 있는 조건에서는 식물의 생장이 증가하면서 토양구조가 개선되어 갈 것으로 판단된다.

시험에 사용된 종자는 자생종을 대상으로 현지 환경조건을 고려하여 일반적으로 녹화공사에 많이 사용되는 자귀나무, 붉나무, 물오리나무 등 목본류 6종, 비수리, 쑥, 억새 등 초본류 12종을 선정하였다. 파종은 기계 장비를 이용한 종자분사파종 방식(seedspray)을 이용하였다.

초본위주형 종자배합의 무게비율은 목본 : 초본 = 11.9 : 88.1 이며 발생기대본수 비율은 목본 : 초본 = 2.4 : 97.6 이었다. 목본위주형 종자배합의 무게비율은 목본 : 초본 = 87.5 : 12.5 이며, 발생기대본수 비율은 목본 : 초본 = 53.7 : 46.3 이었다.

[표 5-19] 각 시험구별 종자배합 방법

식물종			초본위주형				목본위주형				비고		
			파종량		발생기대본수*		파종량		발생기대본수		발아율	순도	립수
			(g/m²)	(%)	(본/m²)	(%)	(g/m²)	(%)	(본/m²)	(%)	(%)	(%)	(No./g)
목본	교목	자귀나무	·	11.9	·	2.4	8.0	87.5	109	53.7	40	97	35
		붉나무	·		·		5.0		120		40	60	100
		물오리나무	·		·		4.0		504		30	60	700
		단풍나무	·		·		10.0		720		80	90	100
	관목	낭아초	·		·		3.0		274		80	95	120
		참싸리	5.0		446		5.0		446		60	99	150
	소계		5.0	·	446	·	35.0	·	2,172	·	·	·	·
초본	질소고정용	벌노랑이	3.0	16.7	798	13.7	0.5	1.3	133	3.3	80	95	350
		비수리	4.0		1,764		·		·		70	90	700
	토양안정용	쑥	1.0	45.2	480	46.5	0.5	10.0	240	30.6	20	80	3,000
		왕김의털	3.0		1,575		0.5		263		50	70	1,500
		솔새	·		·		1.0		34		80	85	50
		억새	7.0		3,864		·		·		30	80	2,300
		새	8.0		2,800		2.0		700		50	70	1,000
	경관용	마타리	3.0	26.2	1,402	37.4	·	1.3	·	12.4	55	85	1,000
		벌개미취	2.0		672		·		·		60	80	700
		산국	3.0		2,999		0.5		500		60	98	1,700
		쑥부쟁이	2.0		1,296		·		·		60	90	1,200
		구절초	1.0		648		·		·		60	90	1,200
	소계		37.0	·	18,298	·	5.0	·	1,869	·	·	·	·
합계			42.0	100	18,744	100	40.0	100	4,041	100	·	·	·

* 발생기대본수 = 파종량(g/m²) × 립수(g/m²) × 발아율(%) × 순도(%)

식생피복도 분석결과 시공 1차년도에는 26%에서 3년이 경과한 시점에서는 52.1%로 증가하였다. 각 시험구별 식생피복도를 보면 초본위주형을 파종한 시험구 Tr.1과 Tr.4에서 높은 값을 보였으며, 목본위주형을 파종한 시험구 Tr.2에서 상대적으로 낮았다. 또한 종자를 파종하지 않고 표토를 포설한 시험구는 식생피복도가 10% 수준으로 가장 낮은 것을 볼 때 표토 내에 함유되어 있는 매토종자 만으로는 조기에 식생피복을 기대하기는 어려울 것으로 보인다.

[표 5-20] 초기단계에서 각 처리별 식생피복도(%)의 변화

처리방법	1년 후	2년 후	3년 후	비고
Tr.1 (%)	51.7	63.3	70.2	초본위주형
Tr.2 (%)	5.0	16.7	36.7	목본위주형
Tr.3 (%)	4.0	4.3	13.3	표토
Tr.4 (%)	43.3	61.7	88.0	표토와 초본위주형
평균 (%)	26.0	36.5	52.1	

이 현장의 경우 11월 초순부터 겨울이 시작되고, 봄철 4월경까지 눈이 남아 있는 현장으로서 파종한 식물이 생육할 수 있는 기간이 상대적으로 짧기 때문에, 현실적으로 파종한 식물에 의한 식생피복 속도는 느린 것으로 판단된다.

현장에서는 2007년 3월부터 폐석 충전 및 식생기반 토양 조성 작업이 진행되었으며, 2007년도 11월에 이르러 종자파종이 실시되었던 관계로 현장의 특성상 파종한 종자는 익년도 5월 중순경에 발아가 시작되었다. 또한 파종 방법 중에서 목본류 및 초본류 위주의 파종 방법을 달리하였기 때문에 초기 식생피복도는 약간의 차이를 보이고 있으며, 초본류 위주로 종자파종을 한 시험구에서 상대적으로 높은 식생피복도를 보였다.

종자 파종의 방법으로는 취부기를 이용한 종자분사파종 방법을 적용하였는데, 이 방법은 종자와 화이버류를 혼합하여 시공 대상면에 얇게 뿌려주는 방법이다. 그러나 환경조건이 열악한 곳에서는 단순히 종자와 소량의 화이버류 만을 혼합하여 비탈면에 살포하였을 때 표면에 노출된 종자의 활력도가 급격히 떨어지게 된다. 따라서 종자 파종 방법을 적용할 경우 시공된 종자층이 유실되지 않고, 수분이 적절히 유지될 수 있도록 별도의 재료로 멀칭(녹화기반층 두께 0.5㎝)하는 것이 필요할 것이다.

멀칭 방법을 보완하는 것 외에도 시공 대상면에 횡방향으로 요철을 형성시키고 시공하는 방법도 효과적일 것이다. 산지 사방공사에서 보통 횡방향으로 골을 파고 여기에 종자와 퇴비류를 혼합한 재료를 채워 넣는 방식이 이용되고 있는데, 본 현장과 같은 조건에서는 인력에 의한 골파기 방법, 종자와 함께 녹화기반을 같이 조성해주는 얇은층 식생기반재뿜어붙이기

방법이 효과적일 것으로 판단된다.

4가지 시험구별로 출현한 식생을 대상으로 밀도, 빈도, 피도를 측정하여 이를 평균한 식생 중요도를 분석하였다. 초본위주형으로 파종한 Tr.1에서는 참싸리가 1차년도에 일부 출현하였으나 시간이 경과하면서 경쟁에서 밀려 쇠퇴한 것으로 분석되었다. 목본위주형으로 파종한 Tr.2에서는 목본류보다는 오히려 벌노랑이, 비수리, 산국 등의 다양한 초본종들이 상대적으로 우세하였으며, 시간이 경과함에 따라서 이들 초본류가 점차 생육이 확대되어 가는 것을 알 수 있다. 특히 파종하지 않은 신갈나무가 3년차에 출현하였는데 이는 주변에서 유입된 종자가 발아한 것으로 판단된다.

또한 Tr.3에서는 매토종자 또는 주변에서 이입된 식생이 많이 조사되었다. 이중 산딸기, 산벚나무 등은 주변에서 가져온 표토에서 발생한 것으로 판단되며, 주변 시험구에 파종한 싸리, 벌노랑이 등도 일부 침입하여 생육하고 있었다.

초본위주형에 표토를 혼합한 시험구에서는 파종한 초본 종자들이 초기에 발아하여 생육공간 대부분을 차지함에 따라 표토 내에 함유된 매토종자(seed bank)의 효과는 크지 않은 것으로 나타났다.

시험구를 전체적으로 볼 때 종자파종에 사용된 식물 중 일부만 조사되었다. 실내 발아율(25℃ 항온조건)이 높은 종자라 하더라도 현장 발아율과는 큰 차이를 보이고 있으며, 별도의 휴면타파 처리를 하지 않은 종자를 사용할 경우는 현장 발아율이 매우 낮아지는 것으로 알려져 있다. 붉나무, 단풍나무 등과 같은 목본의 종자를 비탈면 녹화에 적용하였을 때 일정기간 휴면기를 갖는 것으로 알려져 있어 시공 후 3년간의 초기 조사에서는 많은 개체가 조사되지 않은 것으로 판단된다.

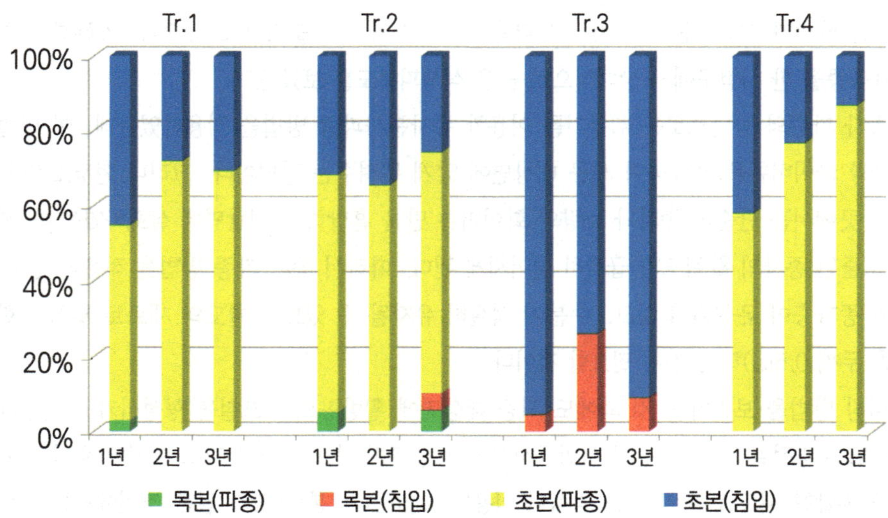

[그림 5-16] 식생중요도 지수(%)의 변화

출현종의 식생중요도 분석에서도 나타나고 있는데, 대부분의 시험구에서 초본종이 우점하고 있으며, 목본종의 식생중요도는 10% 이하로 매우 낮은 것으로 나타났다. 녹화를 위한 종자 파종 방법에서는 식물종의 배합이 매우 중요한데, 본 현장에서와 같이 혼합 파종할 경우에는 초본류가 과다하게 우점하는 경향을 나타내는 특징을 보이고 있다.

목본식물에 대한 분석 결과 선발 가능 식물로는 물오리나무, 자귀나무와 싸리류가 적합하였으며, 본 현장에서 낭아초는 생육이 두드러지지 못하였다. 또한 주변에서 아까시나무, 신갈나무 등이 침입하여, 향후 활용가능성이 높을 것으로 판단된다.

초본식물에 대한 분석 결과 콩과 중에서 벌노랑이, 비수리, 국화과에서는 쑥, 산국, 그리고 벼과에서는 새와 같은 일부 종의 생육이 양호하였다. 또한 솔새, 억새 등은 비탈면녹화 현장에서는 시공초기에는 잘 나타나지 않고 3~5년 정도가 경과한 시점에서 순차적으로 나타나는 것을 볼 수 있는데, 본 현장에서도 3년 정도가 경과한 시점에서부터 개체가 증가하고 있는 것을 볼 수 있었다.

국화과 중에서는 벌개미취, 쑥부쟁이, 구절초 등이 출현하지 않았는데 이들 종은 단일 파종 현장에서는 비교적 생장이 용이하지만 다양한 식물종과의 혼합파종에서는 초기 경쟁에서 밀려 출현빈도가 극히 낮은 것으로 나타났다. 침입종으로는 강아지풀, 달맞이꽃, 질경이, 새콩 등이 나타났는데, 이들은 대부분 건조지에서 시공 초기에 침입이 왕성한 종들로 알려져 있다.

종자의 배합비율에 따른 영향도 나타나고 있는데 쑥은 사용량에 따라 일부지역에서 과도하게 우점하는 현상을 보이고 있으므로 배합비율 결정에 신중하여야 할 것이며, 억새, 새 등의 벼과 식물은 시간이 지나면서 점차 생육을 확대해가는 종으로 향후 활용가능성이 높다고 판단된다.

현장과 같이 백두대간 또는 인접 구역의 식생복구에 있어서는 자생종 위주의 복원녹화가 적극 활용되어야 하며, 일부 자생식물을 이용한 복원공사와 같이 백두대간 인접구역에서는 원식생 복원을 위한 식물종 선정이 매우 중요한 항목이라고 판단된다.

종자 파종 방법으로는 종자와 멀칭재 일부를 포설하는 seed spray 방식이 적용되었는데, 열악한 현지 환경에는 부적합한 것으로 볼 수 있다. 결국 종자와 함께 일정 두께 이상의 식생기반재를 같이 포설하는 얇은층 식생기반재뿜어붙이기 방식의 적용이 바람직할 것으로 보인다. 멀칭 방법 중에서 임목폐기물을 파쇄하여 만든 칩 등을 재활용하여 녹화기반에 혼합하거나 덮어줌으로서 출현종, 피복율 개선에 기여할 수 있는 방법도 검토가 필요할 것이다. 특히 토양 개량부분이 목본종의 생육에 중요한 영향을 미칠 수 있으므로, 백두대간과 같은 지역에서 수림화에 의한 식생복원을 목표로 하는 현장에서는 이 방법의 적용이 필요할 것이다.

▶ 수목 식재 방법의 초기(4년간) 효과[4)]

수림화의 목표를 달성하기 위하여 여러 가지 수목들이 경쟁을 하면서 다층구조의 숲을 조성하는 것을 기대하고 식재방법을 적용하였다. 식재 초기에는 식물들이 각각 특성에 맞게 생장을 하고, 이후 교목층, 아교목층, 관목층이 자리를 잡게 되며, 일정 기간이 경과한 후 주변에서 침입한 식물종이 생장을 하면서 다양성이 높은 식생군락을 형성하도록 계획하였다.

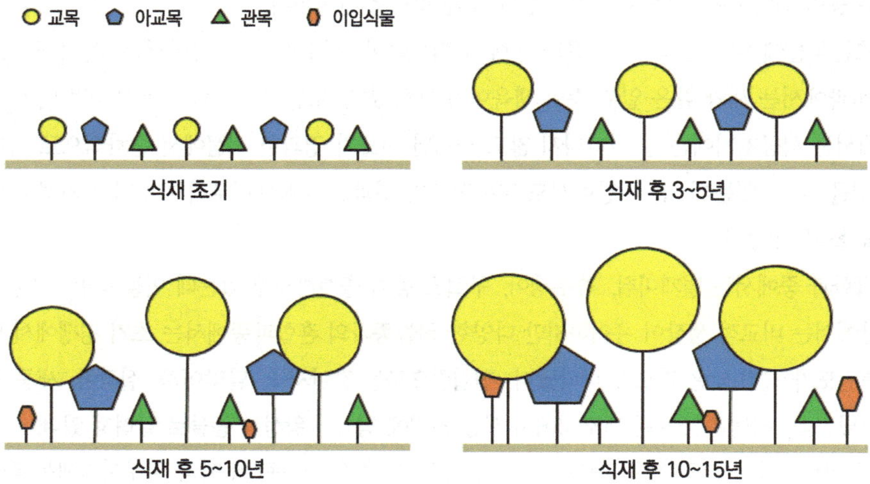

[그림 5-17] 식재에 의한 생태숲 조성 개념도

시험시공지에 적용된 수목의 도입방법을 5개의 유형으로 구분하여 초기 효과를 분석하였다. 목표종은 광산주변에 있는 참조생태계의 대표 식생을 기준으로 하여 참나무류 중에서 묘목 확보가 가능한 상수리나무와 소나무로 선정하였으며, 동반종 8종, 선구종 4종을 추가로 선정하였다. 시공에 사용한 묘목은 강원도 인근에서 생산된 것을 이용하였으며, 용기묘와 일반 묘목(수고 1m 이하)을 혼합하여 적용하였다.

시험시공 방법 중 Tr.1~3은 목표종을 식재하고, Tr.4는 동반종, Tr.5는 선구종을 혼합하여 식재하였다. 식재와 병행한 파종방법으로 초본종 위주의 파종방법을 이용하였으며, 매토종자의 효과를 파악하기 위하여 주변의 표토를 채취하여 포설하였다.

또한 파종한 종자 및 주변에서 침입한 식생과의 경쟁을 고려하여 식재묘목 주변에 폭 30㎝ 크기의 식생반을 설치하였으며, 식재 이후 별도의 관리를 수행하지 않고 자연 상태에서의 경쟁을 측정하였다.

4) 김경훈 등. 2012. 백두대간에 인접한 석회석 광산의 식생복구 연구(2) -묘목식재 방법에 의한 옥계 광산 복구 시험시공 사례-.

[표 5-21] 시험시공에 적용한 유형별 식재 및 종자파종 방법

유형구분		수목 식재							종자파종		면적 (㎡)
번호	목표	식재 간격	식재 수량 (본/ha)					식재 비율	종류	파종량 (g/㎡)	
			상수리나무	소나무	동반종	선구종	합계	상수리나무: 소나무 : 동반종 : 선구종			
Tr.1	목표종[1]	2.0m × 2.0m	1,667	833	·	·	2,500	2 : 1 : 0 : 0	초본	42	2,109
Tr.2	목표종	2.0m × 2.0m	1,667	833	·	·	2,500	2 : 1 : 0 : 0	표토	0	1,046
Tr.3	목표종	2.0m × 2.0m	1,667	833	·	·	2,500	2 : 1 : 0 : 0	초본 +표토	42	755
Tr.4	목표종+동반종[2]	1.5m × 1.5m	1,667	556	2,222	·	4,444	3 : 1 : 4 : 0	초본	42	1,956
Tr.5	목표종+선구종[3]	1.5m × 1.5m	1,667	556	·	2,222	4,444	3 : 1 : 0 : 4	초본	42	1,791
합계											7,657

1) 목표종 : 소나무, 상수리나무

2) 동반종 : 산벚나무, 보리수나무, 국수나무, 산초나무, 당단풍나무, 층층나무,화살나무, 생강나무

3) 선구종 : 자귀나무, 개쉬땅나무, 붉나무, 물오리나무

식생피복도는 시공초기에는 매우 낮은 상태이었으나, 시공 4년이 경과한 시점에서 모든 유형에서 식생피복도가 90% 이상으로 높아졌다. 처리구별로 보면 초본종을 파종한 Tr.1과 3 시험구에서 식생피복도가 95% 이상으로 도입종 및 주변 침입종에 의해 완전 피복된 것으로 나타났다. 또한 표토를 이용한 Tr.2와 4 시험구의 피복도도 93% 이상으로 식생에 의해 전면 피복된 것으로 나타났다.

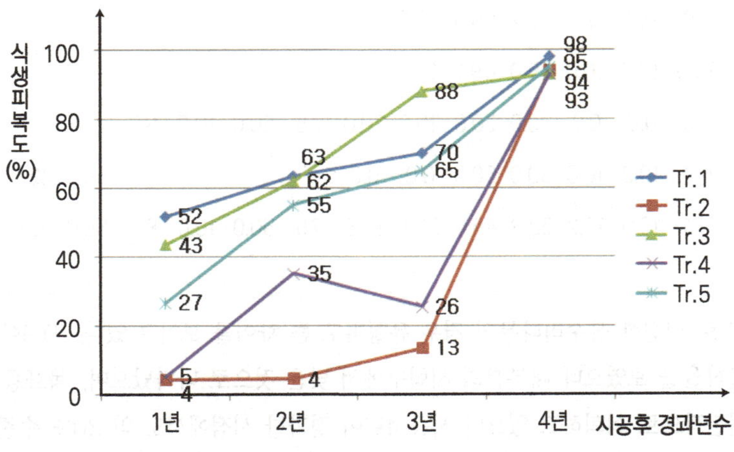

[그림 5-18] 수목식재 유형별 식생피복도(%)의 변화

식생피복도의 증가추세로 볼 때, 초본종 파종에 의한 식재 Tr.2와 4 시험구의 피복도 증가추세가 가장 뚜렷한 것으로 나타났으며, 표토를 이용한 Tr.2 시험구의 경우 시공 초기에는 식생피복도가 상대적으로 낮았지만, 4년이 경과된 시점에서 표토 내 매토종자의 발아 및 주변 식생 침입으로 급격히 피복도가 증가하는 것으로 나타났다. 본 현장에서 초기단계의 식생피복도는 식재한 목본의 성장보다는 파종한 초본 종자의 발아에 의해 더 큰 영향을 받고 있는 것으로 판단된다.

시험시공지 조성 직후(2007) | 시공 2년 후(2009년) | 시공 4년 후(2011년)

[그림 5-19] 시험시공지의 식생 생육상황

시험시공에 적용한 식재 유형별 묘목의 활착율을 분석한 결과는 다음과 같다.

[표 5-22] 유형별 식재묘목의 활착율 분석

구분	목표종(%)								동반종(%)				선구종(%)			
	상수리나무				소나무											
	1년	2년	3년	4년	1년	2년	3년	4년	1년	2년	3년	4년	1년	2년	3년	4년
Tr.1	55.0	45.0	75.0	76.0	70.0	35.0	35.0	35.0								
Tr.2	11.1	0.0	0.0	0.0	66.7	65.0	50.0	52.3								
Tr.3	71.9	34.0	10.0	10.0	75.0	48.1	45.3	45.0								
Tr.4	36.7	0.0	0.0	0.0	20.0	20.0	20.0	20.0	7.5	50.0	10.0	8.7				
Tr.5	33.3	6.7	10.2	10.0	30.0	60.0	0.0	0.0					55.0	42.6	0	0
평균	41.6	17.1	19.0	19.2	52.3	45.6	30.1	30.5	7.5	50.0	10.0	8.7	55.0	42.6	0	0

목표종으로 선정한 상수리나무의 경우 유형별로 큰 차이를 보이고 있다. Tr.1에서는 70%의 높은 활착율을 보였으나 대부분의 시험구에서 낮은 것으로 나타났으며, 목표종 중 소나무의 경우 점진적으로 쇠퇴하고 있으나 시공 4년이 경과한 시점에서도 약 30% 수준의 활착율을 유지하고 있었다.

동반종의 경우 시공 2차년도에 활착율 50% 수준까지 증가하였다가 3년차부터 대부분 경쟁에서 밀려 쇠퇴한 것으로 나타났다. 또한 선구종의 경우 시공초기에 50% 대의 활착율을 보였으나, 3차년도 부터는 식재한 모든 개체가 소멸된 것으로 분석되었다. 식재한 수목의 활착율이 저조한 이유는 식재와 병행한 파종의 영향을 받은 것으로 볼 수 있으며, 파종한 식물종의 식생피복도가 높아지는 상황에서 같이 식재한 목본종이 대부분 피압되는 현상을 보였다.

따라서 목본 식재와 초본 파종 방법을 동시에 적용할 경우 목본종의 생육을 위해서 식생반 등을 설치하고, 필요시 예초작업도 수행되어야 할 것으로 판단된다. 또한 전면 파종보다는 조파 등의 방법을 사용하는 것이 좋고, 파종하는 식물종도 목본과의 경쟁관계를 고려하여 선발하는 것이 필요할 것이다.

또한 외부에서 도입한 묘목들은 현지 적응기간을 거칠 수 있도록 하며, 현지 적응은 시공대상지와 환경조건이 유사한 곳에서 실시하는 것이 바람직할 것이다. 현지에 도입한 수목의 활착율 저하 원인으로는 뿌리의 흔들림, 토양안정화 미흡 등을 들 수 있다. 본 현장은 고산지대이며 바람의 영향을 많이 받는 현장이므로, 가급적 수목 식재 후에 지주목을 설치할 필요가 있으며, 방풍책의 설치도 검토할 필요가 있을 것이다. 식재 시기에서는 시험시공이 가을~겨울철에 진행되었던 관계로 수목의 활착률이 저하되는 문제점이 도출되었기 때문에 식물 생육에 적합한 봄철에 적용하는 것이 바람직할 것이다.

도입한 묘목 중에서 시공 2차년도까지는 동반종과 선구종의 생육이 좋은 것으로 보이는데, 이들 종은 목표종으로 도입한 상수리나무나 소나무보다는 현지 적응성이 뛰어난 것으로 보이며, 목표종이 성장하여 현지에 정착할 때까지의 지피를 피복해주는 선구종의 역할을 수행할 수 있을 것으로 보인다. 또한 사후관리 차원에서 밀도조절, 시비, 복토 등을 통하여 목표로 하는 산림군락 조성을 위한 노력이 필요할 것이다.

엔트로피와 생태복원

엔트로피(entropy)라는 용어는 'energy'라는 말과 그리스어 'tropy(향성)'을 합성하여 만든 것으로 자연 속에서 물질계의 열적 상태를 나타내며, 쉽게 표현하면 어떤 계의 '무질서도', '무질서한 정도' 혹은 '규칙적이지 않은 정도'를 측정하는 물리학적 양이다.

자연계에서는 자연현상이 자발적으로 변화하는 방향이 물질계의 엔트로피가 증가하는 방향으로 일어나는데, 이를 엔트로피 증가의 법칙이라고 한다(물리학에서 열역학 제2법칙은 열적으로 고립된 계의 총 엔트로피가 감소하지 않는다는 법칙으로서, 자연계에서 일어나는 모든 과정들은 가역과정이 아니라는 것을 나타냄). 그리고 엔트로피가 감소하는 방향은 비자발적인 현상으로 정의한다.

생명체 자체도 질서를 가진 존재이지만 몇 백년이 지나게 되면 흙으로 돌아가게 된다. 생명체가 새롭게 탄생하고 성장한다는 것은 주위로부터 유용한 에너지를 계속해서 흡수하는 것이며, 이렇게 해야 엔트로피가 낮은 상태를 유지시킬 수 있다. 그 에너지원은 바로 태양에너지이며 식물은 광합성을 함으로써 직접적으로, 동물은 식물이나 다른 동물을 먹음으로써 간접적으로 태양에 생존을 의존하고 있다. 그러나 이들 생명체는 결국은 분해되는 과정을 거치게 되는데, 이렇게 생명은 순환하는 특성을 가지기 때문에 오늘날 생태학의 기본 틀에서 엔트로피의 증가과정을 비교해서 이해할 수 있다.

만약 산지에 조림을 할 때 동일한 나무를 일정 간격으로 심는 것은 작업의 효율성과 유지관리의 측면에서는 좋지만, 이 경우 무질서도는 낮다고 볼 수 있다. 그러나 자연 상태에서 엔트로피가 증가하는 방향으로 변하는 현상을 고려해 본다면 이렇게 심은 나무들이 계속 같은 간격을 유지하면서 자라게 될 것이라고 기대하기는 어렵다.

예를 들면 산지에 1ha당 2,000본의 나무를 줄을 맞추어서 조림한다고 가정할 때 각각의 나무는 약 2.24m 간격으로 심어지게 된다. 그리고 나무를 심은 이후에 별다른 조치를 취하지 않을 경우 시간이 지난 이후에 현장을 가서 보면 심어진 2,000본/ha의 나무 중 일부가 도태되었을 가능성이 있으며, 또한 심어진 나무 외에도 땅속에 있던 종자나 외부에서 이입된 식물종이 다양하게 들어와서 경쟁을 하면서 살고 있는 것을 보게 될 것이다. 이러한 과정을 생태학에서는 천이과정(succession)으로 해석하기도 한다.

만약 심어진 나무들이 모두 잘 자라기를 바란다면 중간에 잡초나 잡목을 제거하는 작업(에너지의 투입)이 이루어져야 하는 것이다. 초기에 질서 있게 심겨진 나무들이 자연적인 현상으로 인하여 경쟁과 도태 과정을 통해서 다양성이 높은 식물군락으로 변하게 되는 것은 일반적이겠지만, 반대의 개념으로 여러 가지 나무와 풀들이 한데 살고 있는 숲이 스스로 질서정연하게 일정간격으로 한 가지 수종만이 다시 자리를 잡게 된다는 것은 상상하기가 어렵다.

일정 공간에서 다양한 생명체들이 같이 살게 된다는 것도 엔트로피가 증가하는 방향으로 가는 것이라고 볼 수 있다. 이와 같이 생태복원 과정은 자연 속에서 엔트로피를 증가시켜 주는 하나의 현상이라고 볼 수 있으며, 단일한 식생조성 상태보다는 좀 더 다양한 식물종들이 같이 어우러져 살 수 있는 기회를 제공해주는 것이 바로 생태복원의 기본 개념이 될 필요가 있다. 또한 별도의 에너지를 투입하지 않고 자연 스스로 평형상태를 이루어가도록 하는 것이 효율적인 생태복원이라고 할 수 있다.

▶ 종자환

일반적으로 식물의 성장은 종자에서부터 시작이 된다. 생태복원의 과정에서도 수목을 이식하는 방법 보다는 종자에서부터 발아한 식물이 환경에 적응하는 능력이 뛰어나며, 초기 생장은 느리더라도 장기적으로 그 현장에 적합한 식물군락을 형성하는데 도움이 된다.

종자를 이용하는 방법은 여러 가지가 있다. 인력으로 흩어 뿌리는 방법(산파), 줄을 파고 뿌리는 방법(조파), 일정 공간에 구멍을 파고 모아서 뿌리는 방법(점파) 등으로 구분할 수 있다. 또한 대규모 현장에서는 작업효율을 높이기 위하여 기계 장비를 이용한 방법이 적용되고 있다.

또한 종자를 파종할 때에도 토양기반의 특성에 따라 방법이 달라진다. 기계장비를 이용하는 방식은 주로 도로비탈면 녹화공사에 많이 적용되는데, 토양기반이 토사로 되어 있어서 발아된 식물이 직접 뿌리를 정착할 수 있는 곳에는 종자만 얇게 뿌려주는 방식이 적용된다. 그러나 토양기반이 없고 암반이 노출될수록 종자만 뿌려주는 방식으로는 녹화가 어렵고, 종자와 함께 발아된 식물이 살 수 있도록 재료를 혼합하여 식물 생육기반을 인위적으로 두껍게 조성해주는 방식이 적용된다. 이 방식은 시공두께에 따라서 얇은층 식생기반재뿜어붙이기와 두꺼운층 식생기반재뿜어붙이기 방식으로 구분한다.

결국 대상지의 입지특성이나 토양조건에 따라서 종자만을 적용할지 또는 종자 외에 보조재료를 사용할지 결정하게 된다. 이는 종자의 발아조건을 개선시켜주고, 발아된 식물이 복원대상지에 잘 정착하도록 환경조건을 개선해주는 것이다.

DMZ 일원에서 채취한 종자

지베렐린 처리 실험

발아율 실험

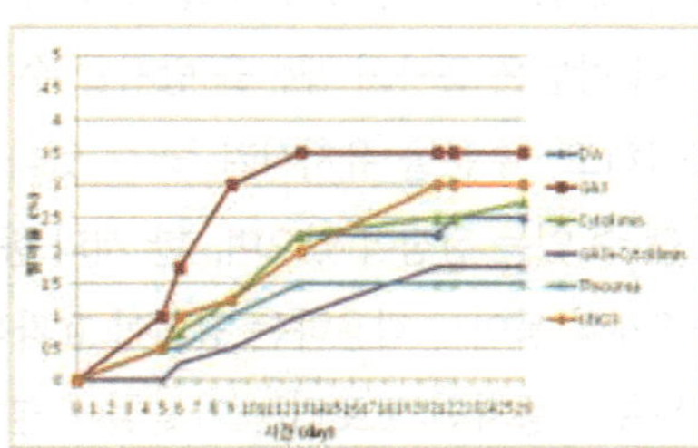

종자처리에 의한 발아율 변화

[그림 5-20] 종자 전처리 실험 과정

한편 현장에 적용하기 전에 종자 자체를 대상으로 발아율 및 활착율을 높이는 방법이 있다. 발아율을 높이는 방법으로 주로 종자 전처리 방법이 적용되고 있는데, 물리적 방법이나 생리화학적 방법을 통해서 종자의 발아 가능성을 높여주는 방법이 있다.

또한 크기가 매우 작은 종자나 대량 확보가 어려운 종자에 대해서는 특수한 방법으로 적용할 수 있다. 예를 들면 종자를 코팅하는 방법도 있는데, 농업용으로는 코팅 처리가 된 종자들이 많이 사용되고 있다.

종자 1차 선별

종자 2차 선별

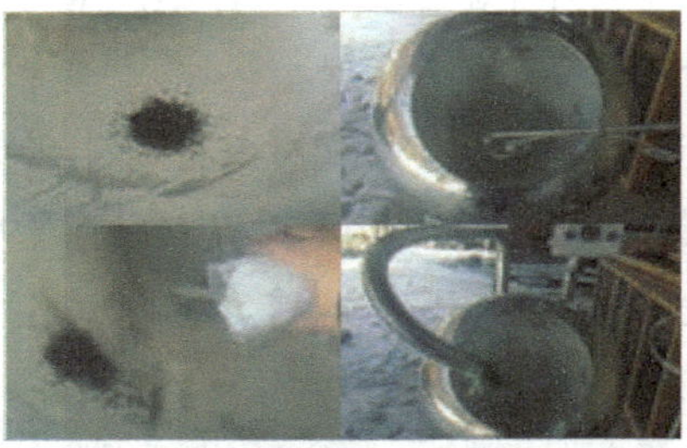

종자 코팅 과정

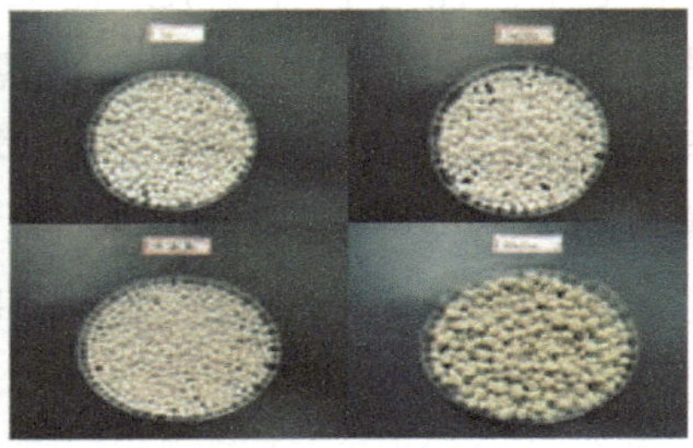

코팅된 종자

[그림 5-21] 종자 전처리 과정 및 코팅 실험 사례

그러나 생태복원용으로 사용하는 종자의 처리에 대한 연구는 많지 않은데, 이는 상업적으로 대량이 유통되고 있는 것도 아니며, 복원 대상지의 현장에 따라 필요한 종자들이 너무 다양하기 때문인 것으로 보인다.

이 현장에서는 참나무류 종자를 모아 공모양의 종자환으로 만들어서 시범적으로 적용해 보았다. 이 방법은 종자의 훼손을 방지할 수 있으며, 발아 초기에 식물의 생육에 필요한 영양분을 공급하고, 수분을 유지시켜 줄 수 있다. 또한 종자 발아 및 활착에 필요한 처리를 직접적으로 할 수 있는 장점이 있으며, 한 개의 종자를 사용할 경우 발아율에 따른 차이가 나타나므로 2~3개씩 묶어서 적용하는 방법이 효과적일 수 있다.

참나무류의 종자인 도토리는 가을철에 열매가 익어서 땅에 떨어지게 되는데, 도토리의 특성상 전분 함량이 높아서 야생동물들의 주요 먹이원이 된다. 또한 곤충들도 매우 좋아해서 땅에 떨어진 종자를 확인해보면 대부분 벌레가 안에 들어가 있는 것을 볼 수 있다. 이렇게 야생동물의 먹이가 되거나 벌레가 들어있지 않은 도토리 일부가 흙이나 낙엽 속에 묻히게 되고, 이듬해에 종자의 활력도가 유지된 일부가 발아가 되어 새싹을 틔우게 된다. 이와 같이 자연 상태에서 도토리 종자가 이듬해 싹을 틔운다는 것은 매우 낮은 확률로 자연에서 선택이 되는 것이다.

생태복원 현장에서는 종자에 의한 숲 조성을 가장 이상적인 형태로 보고 있다. 특히 우리

주변 산지에서 도토리 채취

도토리 및 종자환

도토리 직접 파종

종자환을 이용한 파종

종자환 적용 시험구

종자환에서 발아된 유묘

입목칩 멀칭 시험구

신갈/굴참나무 혼합 시험구

[그림 5-22] 종자 전처리 과정 및 코팅종자 사례

나라 중부 활엽수림대를 대표하는 참나무숲(이 현장의 경우 신갈나무, 굴참나무림 등)을 조성하는데 도토리를 이용하는 시도가 있었지만 성공한 사례가 많지 않다. 도토리를 직접 이용하는 방법(직파조림) 보다는 묘목을 키워서 조림하는 방식이 일반적인 적용되고 있다.

이와 같이 확률이 낮은 문제를 해결하기 위해서는 별도의 노력이 필요하다. 이 현장에서는 가을철에 확보된 도토리 종자를 당해 연도에 직접 파종하거나 별도의 방법으로 보관을 한 뒤 종자환을 만들어서 적용하는 방법이 효과적일 수 있다.

현장에 적용한 결과 종자환에서 여러 개의 개체가 한 곳에서 모여서 발아되어 생육하는 것을 볼 수 있는데, 개별 종자 보다는 집단적으로 발아하도록 하는 것은 효과적인 것으로 보인다. 물론 이렇게 한곳에서 집중적으로 발생한 유묘들은 경쟁관계에 있으며 도태되는 개체가 나타나게 되기는 하지만, 상호 경쟁을 통해서 현장 적응력이 뛰어난 개체가 크게 생장할 것으로 기대할 수 있다.

물론 이 현장의 경우 도토리만을 적용한 것이 아니라 여러 가지 식물종(목본, 초본)과 방법(파종, 식재)을 혼합해서 적용한 것이기 때문에, 종자환이나 직접 파종한 종자에서 발아한 묘목이 큰 나무로 성장하기 위해서는 다른 식물종들과의 경쟁에서 또 이겨야 하고, 시간도 많이 소요되어야 할 것이다.

그러나 채취한 도토리를 직접 이용한다는 것은 현지의 식물종 유전자원을 그대로 활용하는 것이기 때문에 외부 식물자원 도입에 따른 교란 없이 그 현장에 생태적으로 적응된 식생군락을 조성해줄 수 있다는 장점을 가지고 있다.

따라서 본 현장에서 이와 같은 방식으로 도입한 참나무류가 어떻게 성장하고, 미래에 숲을 구성하는 주역으로 성장하는 과정을 앞으로 지켜볼 필요가 있다. 특히 단순한 종자파종 만으로 조성이 어려운 천이 후기 계열의 수목이나 다량의 종자 확보가 어려운 종들은 이와 같이 다양한 방법으로 현장에 적용할 수 있는 방법을 개발할 필요가 있다.

식생복원공사

식생공사는 좁은 개념으로 볼 때 식물을 도입하는 식재나 파종만을 고려하는 경우가 있는데, 복원의 관점에서는 식생을 도입하기 전의 기초단계와 식생이 적용된 이후의 관리단계까지를 포함시키는 넓은 개념으로 보는 것이 바람직하다.

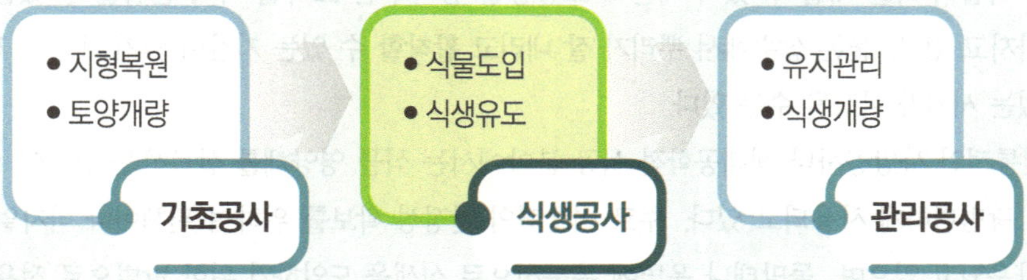

또한 식생을 도입하는 식생공에서도 식물 식재와 종자 파종과 같은 전통적인 방법 외에 식물이 성장할 수 있도록 유도하는 방법이 있다. 식생유도 방법에는 식물을 직접 도입하지 않고 기반만 조성한 이후에 자연적으로 식생이 들어올 수 있도록 기다리는 방법이 포함된다. 또한 매토종자원을 이용하기 위하여 표토를 활용하는 방법은 종자 파종과 식생유도 방법이 혼합된 것으로 볼 수 있다.

▶ 삽목

파종과 식재의 방법 외에도 식물 영양체를 사용하는 방법이 있다. 보통 세덤류(sedum)를 이용한 방식에서 식물개체를 잘라서 심거나 뿌려주는 방법을 사용하며, 식물의 뿌리부분(근주)을 이식하기도 한다. 이와 유사한 형태로 발근이 잘되는 식물을 이용한 삽목 방법이 있다.

삽목을 하는 방법은 묘목을 생산하지 않고 주변에서 삽수를 채취하여 식재하기 때문에 단기간에 대량의 삽수를 적용하여 효과를 높일 수 있는 장점이 있다. 또한 심어진 식물은 땅속에서 직접 뿌리를 내릴 수 있기 때문에 토양층을 잡아주는 효과를 즉시 발휘할 수 있는 장점을 가지고 있다. 물론 삽수에서 뿌리가 잘 내리고 활착할 수 있는 기간이 있기 때문에 적용할 수 있는 시기가 한정될 수는 있다.

전통적인 사방공사나 생태공학적 시공 분야에서는 식물 영양체를 삽목하는 방법이 오래전부터 광범위하게 사용되고 있다. 주로 비탈면의 안정성 확보를 위하여 편책이나 바자얽이 등에 사용되고 있으며, 돌망태나 옹벽에 부분적으로 식생을 도입하기 위한 방법으로 적용이 되고 있다.

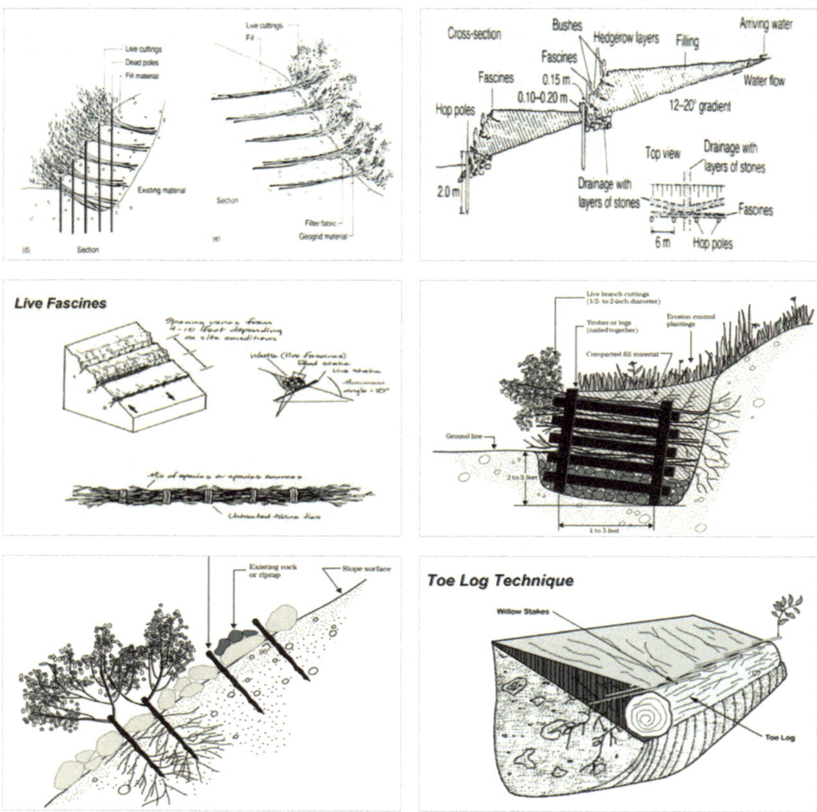

[그림 5-23] 생태공학 분야에서 삽목의 방법을 적용한 개념도

삽목의 방법은 꺾꽂이라고 하는 전통적으로 사용해오던 방식이다. 주로 가지를 꽂아주거나 휘어진 부분을 땅속에 묻는 방식인데, 소단이나 편책 등에도 활용이 되고 있다. 이 방식에서는 사용하는 식물이 제한을 받게 되는데, 뿌리발달이 용이하고 생장이 빠른 것들이 이용된다. 주로 사용되는 식물에는 비교적 뿌리를 잘 내릴 수 있는 버드나무류가 대표적이다.

현장에서는 쥐똥나무와 버드나무류를 혼합하여 사용하였다. 주변에서 적용 가능한 삽수를 채취하여 등고선 방향으로 삽목하였으며, m당 8~10개체 정도의 양을 식재하였다. 또한 삽목은 비탈면 길이 방향으로 2~3m 간격으로 횡방향으로 실시하였다. 등고선 방향으로 설치한 것은 표면수가 흘러내려갈 수 있는 길이를 줄여주기 때문에 하부 방향으로의 표면 침식을 억지할 수 있는 장점을 가지고 있으며, 바람의 영향을 막아주고 식재된 곳 중간에 토양이 안정화 되면서 그 공간에 목표로 했던 식물(식재목)과 주변에서 침입한 식물이 안정적으로 정착될 수 있도록 하고 있다.

삽목 시공 직후

삽목 시공 초기 단계

1년 경과 후

5년 경과 후

7년 경과 후

10년 경과 후

[그림 5-24] 삽목 방법 적용 사례

현장에 적용한 쥐똥나무와 버드나무류는 삽목한 개체의 활착율이 80% 이상으로 매우 높았다. 8~10개체/m 기준으로 삽목을 하였기 때문에 활착율이 50% 정도만 되어도 그 효과를 충분히 발휘하는 것으로 판단된다.

시공 후 10년 정도가 경과한 시점에서도 삽목한 개체의 수고가 2~4m 내외까지 생장하면서 관목층을 형성하고 있으며, 식재를 한 중간의 빈 공간에는 새로운 수목(물오리나무 등)이 자리를 잡고 상층 임관을 형성하고 있다.

이 방법을 적용한 목적은 등고선 방향의 식재를 통하여 종 방향으로 표면침식을 줄여주면서 중간에 다양한 식물종이 활착하여 생육할 수 있는 기회를 제공해주는 것이 목적이었으며, 모니터링 결과 그 목적을 충실히 달성하고 있는 것으로 판단된다.

▶ 이식

초기에 완성된 형태의 식생군락을 조성하기 위해서는 큰 나무를 심으며, 다양한 식물종이 경쟁을 하면서 생태적인 군락을 형성하도록 유도하기 위해서는 주로 묘목의 형태를 적용한다. 또한 지역의 특성과 복원의 목표에 따라서 적용하는 형태도 다양하다. 묘목은 양묘장에서 재배한 수목을 굴취한 것을 많이 이용하고 있으며, 산지나 특수한 목적에 따라 별도로 제작한 용기묘의 형태도 사용하고 있다.

일반적으로 훼손지 복원에는 용기묘의 형태가 활착율이 좋다고 알려져 있다. 생태복원 공사에서는 수목을 도입하는데 상대적으로 큰 나무 보다는 어린 나무를 심는 것을 권장하고 있다.

경우에 따라서는 개발예정지에서 확보할 수 있는 수목을 미리 굴취하여 이식하는 방법을 적용하기도 한다. 수목을 이식하는 방법은 현지의 식물 유전자원을 보전하는 가장 확실한 방법이라 할 수 있다.

플러그묘

용기묘 (원형)

유니트묘

용기묘 (사각형)

묘포장

묘목 생산 온실

[그림 5-25] 다양한 형태의 묘목

그러나 현실적으로 개발 예정지에서 확보할 수 있는 식물 자원이 한계가 있으며, 대경목의 경우는 이식을 하여도 활착율이 떨어지는 등의 문제가 있다. 또한 개발과 복원공사의 시기가 차이가 많이 있기 때문에 확보한 수목을 인근에 가이식하였다가 복원 대상지에 다시 옮겨 심는 경우가 있는데, 식물이 정착하지 못하고 도태하는 사례를 흔히 볼 수 있다.

이식하는 식물종도 중요한데 개발예정지에서는 그 지역의 환경특성에 맞는 식물이 정착되어 있는 상태이며, 오래된 산림일수록 양수 계통이 아니라 음수 계통이 많이 있을 것이다. 그러나 음수의 특성을 가지고 있는 수목을 이식하여 나지 상태에 옮기게 되면 환경 조건이 맞지 않기 때문에 적응이 어려워질 수 있다.

따라서 수목을 이식할 경우에는 가급적 어린 나무를 이식하는 것이 좋다. 본 현장에서는 수목을 이식하는데 있어서 키가 작은 유묘 형태의 수목과 비교적 키가 큰 수목을 이식하는 2가지 방법을 적용하였다.

이식 1 (소형)

이식 2 (중형)

3년 경과 후

5년 경과 후

7년 경과 후

10년 경과 후

[그림 5-26] 현지 수목 이식에 의한 생태숲 조성 사례

초기에는 현지에 적응하는 과정이 필요하기 때문에 생장이 매우 느리게 진행되었으나, 현재는 이식한 수목들이 자리를 잡으며 양호한 성장을 보이고 있다. 또한 이식한 수목들이 부지의 환경조건을 개선해주면서 주변에서 다양한 식물이 침입하여 같이 생장하고 있는 것을 알 수 있다.

이식목 단일개체를 관리하는 것도 중요하겠지만, 적용될 부지 주변에서 자리를 잡아가면서 미세 환경을 개선해주는 역할을 하고, 그 주변에 원식생이 침입하여 같이 생장을 하도록 유도하는 것이 바람직할 것이다.

▶ 멀칭

식물이 생장을 하는 데에는 여러 가지 환경조건이 영향을 미친다. 식물 성장에 필요한 물을 자연 강수에 의존할 수밖에 없는 조건에서는 토양수분을 유지하고, 또 토양내 수분이 쉽게 증발되지 않도록 하는 것이 유리하다.

경사지의 조건에서는 식물에 의해 피복이 되기 전에 강수에 의해 표면이 침식되는 현상이 나타날 수 있기 때문에 이러한 침식의 문제를 해결하기 위하여 여러 가지 네트를 덮어주는 경우가 있다. 생태복원 현장에서는 천연섬유로 된 코이어네트, 쥬트네트, 볏짚 거적 등이 사용되고 있으며, 또한 도로비탈면 등에서는 천연재료 외에도 토목공학적인 방법으로 다양한 형태와 용도의 토목섬유가 사용되고 있다.

이렇게 네트를 덮는 방법 외에도 다른 재료로 멀칭을 하는 방법이 있다. 특히 경사지에서는 우드칩 등을 멀칭함으로써 표면침식을 방지하고 토양내 수분증발을 억제하여 식물의 활착에 도움이 되도록 할 수 있다. 또한 시간이 경과하게 되면 우드칩이 자연적으로 분해가 되면서 식물 생장에 필요한 영양분을 공급해주는 역할을 하게 된다.

우드칩을 적용할 때에는 두께가 중요한 요소가 된다. 시험시공에서는 우드칩을 여러 가지 두께로 멀칭을 하였는데, 멀칭에 의한 잡초방제 효과를 보기 위해서는 최소한 10㎝ 이상 두께로 멀칭을 해주는 것이 효과적인 것으로 보인다.

[표 5-23] 임목파쇄칩(우드칩)의 멀칭 두께에 따른 실험 사례

구분	무처리	3㎝	5㎝	10㎝	20㎝
조성 상태					
조성 2개월 후					

현장에서는 식물재료를 파쇄한 우드칩을 이용한 멀칭을 하였다. 우드칩은 경사지에서 흙이 노출되지 않도록 하는 효과를 발휘하였으나, 기술적으로 볼 때는 현장에 적용한 정방형의 칩의 경우 상호 결속력이 부족하여 하부로 쓸려 내려가는 현상이 있었으며, 쓸려 내려간 칩이 식재한 묘목을 덮어버리는 문제점도 노출되었다.

우드칩 적용 시험구에서 시공초기 식생피복도는 다른 시험구보다 상대적으로 낮은 경향을 보였다. 이 곳에서는 흙이 그대로 노출되지 않고 칩으로 덮이면서 식물이 자랄 수 있는 공간이 상대적으로 적었기 때문인 것으로 보인다. 일정시간이 경과 후 초기 단계에서는 싸리 등의 관목

류가 우선적으로 피복이 된 이후에 교목이 나머지 공간에서 자리를 잡는 현상을 보였다.

현재는 다른 시험구와 유사하게 교목층과 관목층이 다양하게 구성되어 있는 구조를 보이고 있다. 따라서 우드칩 멀칭은 비교적 효과적이라고 할 수 있으며, 경사지 조건에 적용할 경우에는 칩이 하부로 쓸려 내려가는 것을 방지하기 위하여 부정형의 칩(침형)을 사용하는 것이 효과적일 것으로 보인다.

시공 초기

조사구 설치

2년 경과 후

5년 경과 후

7년 경과 후

10년 경과 후

[그림 5-27] 멀칭 방법 적용 시험지의 변화

▶ 식생 개량

이 현장에서는 표면적으로 볼 때 식생피복도가 100%에 달할 정도로 숲이 형성되었다. 수고는 약 8~12m 내외이며 상층과 중층에 식생이 고르게 분포하고 있다. 그러나 식물의 구성 상태를 볼 때 대부분 물오리나무가 우점하고 있으며, 그 밀도는 10,000본/ha 수준으로 매우 조밀하게 생육하고 있다. 또한 물오리나무가 자라면서 상층 임관을 빼곡하게 채우게 됨에 따라 상대적으로 관목층과 초본층의 생육은 저조한 상태이다.

물오리나무는 대표적인 사방수종으로 척박지에서 양호한 생장을 보이며 천이 초기단계에서 주로 생육하는 식물이다. 물오리나무 군락은 초기 생장은 뛰어나지만 30여년 정도가 경과하게 되면 자연스럽게 도태가 되고 다른 종으로 천이가 이루어진다고 하고 있다.

또한 식재 방법에 의해 도입하였던 목표종, 동반종, 선구종은 임내에서는 많이 관찰되지 않고 있으며, 복원지 경계부(주연부 효과)로 노출되어서 광량이 풍부한 곳에서는 목표로 한 식물종이 다수 생육하고 있다.

따라서 복원사업의 양적인 측면에서는 수목이 잘 성장하여 비교적 좋은 효과를 보이고 있다고 판단되지만, 당초에 복원의 목표로 삼았던 목표종(소나무, 참나무류)과 종다양성이 높은 다층구조의 숲 복원이라는 측면을 고려할 때 질적인 측면에서 효과적이라고 볼 수는 없는 상태이다. 이러한 상태에서는 임내에 다른 식물들이 자랄 수 있는 공간을 확보해주어야 하며, 많은 광량이 임내에 도달할 수 있도록 조절해줄 필요가 있다.

이를 위해서 기존에 숲이 조성되어 있는 곳(2008년 시험시공지)을 대상으로 간벌을 통해서 식생을 개량하는 연구를 실시하였다. 임목의 밀도를 조절하기 위하여 30% 간벌과 50% 간벌, 그리고 대조구인 무처리 상태로 구분하여 현재 모니터링을 실시하고 있다.

간벌을 하지 않은 대조구에서는 식물종 구성상태가 크게 변하지는 않았으며, 30%, 50% 간벌을 실시한 곳에서는 식생이 조금씩 바뀌어가고 있다. 그리고 임내의 하층부에서 복원공사때 도입하지 않았던 거제수나무, 물푸레나무 등의 새로운 종들이 일부 관찰되기 시작하고 있다.

간벌 시험을 실시한지 약 3년 정도가 경과하고 있지만 아직까지는 간벌의 통해서 식물 다양성이 증가되었다기 보다는 간벌한 곳의 잔존 수목이 직경 생장(약 1~6%)을 하면서 더 잘 자라는 양상을 보이고 있다[5].

식생 개량이라는 측면도 다각적으로 검토할 필요가 있다. 목표로 하였던 식물종이 잘 생장하지 못하기 때문에 이들이 빨리 생장할 수 있도록 경쟁목을 제거해주는 것도 방법일 수 있다. 또한 이미 선구수종이 자리를 잡은 상태이기 때문에 시간은 많이 걸리겠지만 자연적으로 주변에서 이입한 식물종들이 생장하면서 점진적으로 변해가는 것을 기다리는 것도 고려할 필요가 있다.

---

5) 처리 3년 경과 후 남아 있는 물오리나무의 평균직경을 조사한 결과 50% 간벌시험구는 6.3㎝, 30% 간벌시험구는 6.0㎝, 무처리 대조구는 5.9㎝로서 간벌에 의한 잔존수목의 직경생장이 조금씩 차이가 나고 있음

식생 개량은 쉽게 할 수 있는 것이 아니며, 특히 복원의 목표를 고려한 유지관리 방법을 결정하는 데에도 신중한 검토가 필요할 것이다. 식생 개량은 오랜 시간이 걸리는 일이며, 인간의 노력뿐만 아니라 자연 스스로가 선택하는 천이 방향에 따라 진행이 되기 때문에 결과를 정량적으로 예측하기는 어렵다.

여기에서 중요하게 검토해야 할 문제는 바로 생태복원의 목표이다. 이 현장의 생태복원 목표는 다층구조의 원식생 복원이기 때문에, 이 목표를 달성하기 위해 현 단계어서 수행하기 위한 관리의 방향 및 방법을 결정할 때라고 판단된다.

밀도조절 시험구

조사구 설치

간벌하기 전 임분 상태

소나무가 피압됨

물오리나무 간벌

자귀나무의 생육

임관 내부 광량의 변화

상수리나무의 생장

[그림 5-28] 물오리나무 밀도조절 시험

▶ 천이

한 지역에 식물이 정착하여 군락을 이루는 데에는 시간이 필요하며, 또 어떤 식물종이 구성될지는 환경포텐셜에 영향을 받는다. 생태복원 초기에는 그 당시의 환경조건에 적합한 식물종이 먼저 자리를 잡게 되며, 시간이 지나서 도입한 식물의 생장 및 쇠퇴가 일어나며, 토양 내에 있는 매토종자의 발아나 외부에서 침입한 식물이 서서히 자리를 잡아가게 된다.

[그림 5-29] 복원목표와 식생천이의 개념도

초기에 정착하는 식물은 주로 천이 초기단계에서 볼 수 있는 선구식물(pioneer species)이 대부분이다. 식물이 종자에서부터 시작한다고 볼 때 나지에서 식물이 자라기 위해서는 그곳에 종자원이 공급되어야 한다. 복원 대상지가 기존 산림에서 일정한 거리만큼 떨어져 있는 곳에서는 바람이나 동물에 의해 종자가 유입되어야 하기 때문에, 식물 중 종자의 크기가 작고 바람에 잘 날려갈 수 있는 것들이 먼저 자리를 잡게 된다. 우리가 흔히 잡초라고 하는 식물이 이들이다. 특히 나대지에서 많이 나타나는 망초, 개망초, 박주가리, 민들레 등과 같은 식물의 종자가 유입되어서 먼저 자리를 잡게 되는 것이다.

또한 동물에 의한 종자원의 공급 형태도 찾아볼 수 있다. 복원공사나 녹화공사 현장에서도 동물의 몸체에 부착되어 이동할 수 있는 도꼬마리, 미국가막사리 등의 식물이 많이 나타나고 있으며, 또한 조류나 포유류가 열매를 섭식하고 소화가 되지 않는 종자를 배설을 함으로서 생장이 되는 식물도 찾아볼 수 있다.

선구식물의 특성은 종자의 공급 유형은 다르지만 대부분 초기 성장이 빠르고, 햇볕이 많이 들고 건조하고 척박한 조건에서 비교적 잘 자라는 형태들이다. 또한 척박하고 영양분이 없는 땅에서 스스로 질소를 고정시킬 수 있는 능력이 있는 콩과식물이나 오리나무류 등이 많이 나타나고 있다.

생태복원 과정은 단기간에 이루어지는 것이 아니라 환경조건, 확률 및 시간에 영향을 받는다. 현재 초기 단계에서 물오리나무가 우점하고 있는 이곳도 시간이 지나게 되면 다른 식물 군락으로 점차 변하게 될 것이다.

이 현장에서는 파종, 식재 등의 여러 가지 방법들이 적용되었다. 이중 초본을 파종한 시험구에서는 보다 극명한 변화 양상을 보이고 있다. 파종 초기 1~3년 정도는 쑥이 너무 우점하여 다른 식물종을 피압시키는 문제가 있었으며, 이로 인해서 하층부의 식생이 매우 단순하게 조성이 되었다.

그러나 이 곳에서 4~5년 정도가 경과하면서 초본식생의 구성이 바뀌는 것을 볼 수 있었는데, 초기에 우점한 쑥류는 점점 쇠퇴하게 되고 그 공간에 억새, 새 등이 서서히 자리를 잡게 되었다. 쑥류는 우점하는 성향이 강해서 다른 종의 침입을 억제하는 역할을 하였으며, 억새도 마찬가지로 밀생하여 다른 목본종의 생육을 방해하고 있다.

1년 경과 후

2년 경과 후 (쑥류)

5년 경과 후 (억새, 새)

10년 경과 후 (띠)

10년 경과 후 (상수리나무)

10년 경과 후 (소나무)

[그림 5-30] 식생천이 과정을 보여주는 사례

일정 시간이 경과하면서 억새, 새가 우점하였던 식생군락에서도 변화가 관찰되고 있으며, 이 군락 사이에 띠(*Imperata cylindrica* var. *koenigii*)가 나타나기 시작하였다. 띠는 전국 산야에서 볼 수는 있지만 주로 남부지역에서 많이 자라고 있는 식물종이다. 띠는 생태복원 공사에 직접 적용하지는 않았지만 이곳 강원도 현장에 자연적으로 발생하여 생육 공간이 조금씩 확대되고 있는 것으로 조사되었다.

식물종의 천이는 이렇게 종의 공급에 따라서 초기에 영향을 받지만, 시간이 지나면서 종간에 경쟁을 하게 되며, 이러한 과정을 거쳐서 천이의 방향이 결정되게 된다. 현재는 억새군락이 우점하고 있으며 일부 띠가 나타나고 있는데, 이곳에서 시간이 경과하게 되면 어떤 식물종이 자리를 잡게 될지 장기간 모니터링이 필요하다. 또한 복원의 목표가 숲 조성으로서 목본군락의 성장을 계획하였기 때문에 초본층 밑에 어렵게 자리를 잡고 있는 수목들이 상부로 올라오는 과정도 장기간 지켜보아야 하겠다.

환경 포텐셜

포텐셜(potential)은 겉으로 드러나지 않고 속에 숨어 있는 것으로서 잠재력이라고 할 수 있다. 잠재력이란 현재 존재하고 있지는 않으나 발현될 가능성이 있는 힘이며, 환경 포텐셜은 특정 장소에 있어서 종의 서식이나 생태계 구성의 가능성을 나타내는 개념으로 볼 수 있다.

환경 포텐셜은 몇 가지 개념으로 구성되는데, 첫째는 입지 포텐셜로 기후, 지형, 토양, 수환경 등의 토양환경 조건이 특정 생태계의 성립에 적합한지 여부를 나타낸다. 둘째는 종의 공급 포텐셜로 식물의 종자나 동물이 다른 곳으로부터 대상지 내로 공급될 가능성이다. 셋째는 종간 관계 포텐셜로 종의 생육이나 서식에 관계된 것으로서, 포식관계나 자원을 둘러싼 경쟁관계 등의 생물간 상호작용을 형성하는 것을 말한다. 넷째는 천이의 포텐셜로 생태계의 시간적 변화가 독특한 과정을 거쳐 어떠한 정도의 속도로 진행되며, 궁극적으로는 어떠한 방향으로 갈 것인가를 나타내는 가능성이다. 천이의 포텐셜은 앞에서 언급한 입지, 종의 공급, 종간 관계의 3가지 포텐셜에 의해 결정된다.

- 입지 포텐셜 : 특정 지역의 기후 특성에는 기온, 강수량, 일사, 적설, 바람 등과 같이 영향을 주는 요인이 있으며, 이중에서 기온과 강수량이 종의 서식환경에 크게 영향을 주는 요인이라고 볼 수 있다. 생태기반환경에서도 지형과 토양과 같은 식생기반 특성은 중요한 요소가 된다. 지형과 토양은 밀접한 관계가 있으며, 이곳에서 침식, 퇴적 등의 현상이 복합적인 영향을 미치게 된다. 토양 두께, 구조, 화학적 성질 등에 의하여 식물 생육의 좋고 나쁨이 결정된다. 또한 수리수문적 요소도 큰 영향을 미치는데, 물수지, 지표수의 양, 수심, 유속, 지하수위 등에 의해 결정된다. 이들 환경조건은 서로 독립하고 있는 것이 아니라, 상호 영향을 미치며 그 복합적인 영향이 그 지역의 입지 포텐셜을 결정하게 된다.

- 종의 공급 포텐셜 : 종의 공급 포텐셜은 특정 장소에 대한 종의 공급가능성으로 종의 공급원인 소스(source)와 종이 공급되는 곳인 싱크(sink)의 2가지 요소가 있다. 복원 대상지 주변에서 종자 등을 공급할 수 있는 요소가 많을 경우 공급 포텐셜이 높고, 떨어져 있을수록 공급량이나 기회가 적어지기 때문에 포텐셜은 낮아진다. 식물은 종자나 화분에 의해 유전자를 이동시킨다.

그 가능성은 소스(종의 공급원)와 싱크(종이 공급되는 곳)의 공간적인 관계 외에도, 이동을 매개로 하는 동물의 유무에 크게 좌우된다. 따라서 식물종의 공급 포텐셜은 종간관계 포텐셜이 영향을 준다고 할 수 있다. 식물종의 공급원 중에는 흙속에 있는 매토종자가 있다. 매토종자란 토양 속에 휴면 상태로 생존하는 종자로, 그 수명은 식물의 생활형에 따라 결정되는데, 일반적으로 극상을 구성하는 목본식물과 같이 개체의 수명이 긴 종에서는 짧고, 1~2년생 초본과 같이 개체의 수명이 짧은 종에서는 길다. 식물군락의 성립가능성을 알기 위해 매토종자 집단이 매우 중요한데, 매토종자 집단의 조성은 특히 2차 천이의 초기단계에서 성립하는 식생을 크게 좌우하게 된다.

- 종간 관계 포텐셜 : 생물은 다른 종들과의 복잡한 관계로 이루어진 생물간 상호작용을 하고 있다. 생물간 상호작용에 있어서 어떤 특정한 종의 입장에서 볼 때, 자기의 생존에 이익이 되는 종과 해가 되는 종들이 존재할 수 있다. 따라서 복원을 도모할 때 종간의 관계를 고려한 접근이 필요하다. 일반적으로 많은 종들 간에 복잡한 관계를 가진 생태계는 소수의 종이 우점하는 생태계보다도 안정되어 있다고 한다. 이것은 같은 기능을 가진 종이 여럿이 있는 생태계에서는 이중의 일부가 빠지더라도 전체로서는 생물간 상호작용이 보완적으로 유지되기 때문이라고 볼 수 있다.
- 천이의 포텐셜 : 식물군락의 구성종이 변화하여 다른 식물군락으로 변해가는 것을 식생천이라고 한다. 식물이 자라면서 하부의 토양 구조 및 특성이 변하게 되고, 이렇게 변화된 토양에서는 다른 식물들이 자라고, 새로운 동물종이 유입되는 등 천이에 의해 식물과 동물 군집이 변하게 된다. 생태천이가 향하는 방향, 속도, 극상 상태 등은 입지, 종의 공급, 종간 관계의 포텐셜에 의해 결정된다. 즉 현시점에 있어서의 환경 포텐셜은 미래에 그 생태계가 어떻게 천이되어 갈 것인가를 좌우한다. 예를 들면 도로 비탈면에서도 주변부에 소나무 군락이 있는 경우에는 산포된 소나무 종자가 발아하여 소나무림이 성립되며, 단풍나무나 참나무류 등 활엽수림이 있는 경우 활엽수 군락이 형성될 가능성이 높은 것과 같이 종의 공급 포텐셜의 차이가 천이의 방향을 결정하는 요인이 되고 있다.

입지 포텐셜의 평가는 지형, 토양, 수환경 등의 생태기반환경 및 주변 식생의 구성 상태와 같은 생태환경의 조사 분석에 의거하여 종의 생육이나 생태계의 성립가능성을 진단함으로써 시행된다. 포텐셜은 시간과 함께 변화한다. 포텐셜의 시간적 변화에는 자연적 요인에 의한 것과 인위적 요인에 의한 것이 있는데, 자연상태에서는 나타나는 훼손지 유형 및 원인에 따라서 다르게 나타나게 된다. 따라서 생태복원의 가능성은 입지 포텐셜, 종의 공급 포텐셜, 종간 관계 포텐셜, 천이 포텐셜의 4가지 환경 포텐셜에 의해 평가할 수 있다.

▶ 시드뱅크

토양내에는 종자원이 많이 함유되어 있다. 매토종자(seed bank)의 형태로 토양내에 함유되어 있으며, 복원공사에 있어서 매토종자를 이용하는 것은 잠재자연식생을 유도함으로서 지역 유전자원의 교란을 방지하는 효과가 있다.

시드뱅크를 활용하기 위해서는 그 안에 있는 식물의 종류 및 양을 먼저 파악해야 하며, 이렇게 파악된 활력 있는 매토종자원을 토대로 복원계획에 반영할 수 있어야 한다. 매토종자원내에 식물을 확인하는 방법은 직접 키워서 어떤 식물이 있는지 확인하는 것이 가장 효과적이다. 그러나 이 방법은 시간이 필요하고, 또 어린 유묘 상태에서 식물 개체를 확인해야 하는 어려움이 있다. 또한 실험실 내부의 좋은 조건에서는 종자가 발아하더라도 현장에 적용하였을 경우에 어떤 양상을 보일지 예측하기 어렵다. 표토내의 시드뱅크를 이용하는 것은 생태복원 측면에서 매우 효과적인 방법이기는 하지만, 그 효과를 정량적으로 예측하고 평가하기가 어렵다는 단점을 동시에 가지고 있다. 최근 생태복원 프로젝트에서는 표토를 어떻게 채취하고 활용하는 것이 효과적인지에 대한 연구가 활발히 진행 중에 있다.

표토를 활용하는 확실한 방법은 개발 예정지에서 표토를 그대로 걷어서 교란되지 않은 상태로 복원대상지에 덮어주는 것이다. 이 방법은 토양층과 토양내에 있는 유기물원, 종자, 미생물 등을 그대로 옮겨주는 것이므로 복사이식의 한 방법으로 분류하고 있다.

표토의 채취

확보된 표토

표토의 혼합

토양특성 조사

[그림 5-31] 표토 활용 방법

표토를 원 상태 그대로 옮기기 어려운 조건에서는 표토 확보과정에서 토양구조가 일부 교란이 될 수밖에 없고, 채취된 표토를 다른 장소로 옮겨서 일정기간 보관을 해야 한다는 어려운 점이 있다. 표토 내에 매토종자원을 활용하는 것이 주요 목적 중의 하나이므로 다른 곳에 적치한 곳에서 매토종자원이 발아되었다가 소멸된다거나, 매토종자의 활력도가 급격히 떨어진다거나 하는 문제점을 해결해야 할 것이다.

대부분의 현장에서 표토의 구조 자체를 그대로 옮기는 것에 기술적, 경제적 문제가 있기 때문에 채취된 표토를 어떻게 보관하고, 어떻게 현장에 투입할지에 대한 새로운 방법론 검토가 필요하다.

표토 블록 제작

블록, 네트, 표토 설치

블록 설치 상태

블록에서 발아가 시작

시험구 초기 상태

1년 경과 후

초기 발아 과정

현재 복원 과정

[그림 5-32] 토양 시드뱅크를 활용한 시험

이 현장에서는 표토를 교란하지 않고 그대로 떠서 옮기는 것이 어렵기 때문에 개발 예정지에서 확보가 가능한 표토를 20㎝ 깊이까지 확보하고 이를 활용하였다. 채취된 표토를 활용하는 다양한 방법을 적용하였는데, 블록의 형태, 네트의 형태, 얇은층 식생기반재뿜어붙이기의 방식을 시범적으로 적용해 보았다.

시험은 백두대간 마루금에 인접한 곳에 개설되어 있는 작업로를 대상으로 하였다. 이 작업로는 활용이 종료되어 복구를 해야 하는 곳으로, 기존 방법대로 수목을 식재하는 것이 아니라 표토를 활용한 식생복원의 개념으로 적용하였다.

표토 활용 시험을 시작한 후 2년 정도가 경과한 시점에서 얇은층 식생기반재뿜어붙이기를 적용한 곳에서는 단위 시험구 전체에서 비교적 고르게 종자가 발아하고 있는 것을 알 수 있었다. 그리고 블록의 형태로 적용한 곳에서는 블록을 중심으로 종자가 집중적으로 발아되고 있었다.

블록의 경우 표토를 이용하여 만든 것으로서 시간이 지나면서 강수에 의해 블록이 해체가 되고, 그 안에 있던 종자들이 발아하여 정착하고 있는 과정을 보이고 있다.

6) 생태복원 종합

옥계 석회석광산 복원계획은 개발과 산림복원을 병행하는 형태로 진행되고 있으며, 이는 기업이 중심이 되어 대규모 석회석광산을 대상으로 생태복원을 추진하고 있는 최초의 사례라 할 수 있다.

실제 이러한 계획은 국내 산림복원 기술을 널리 알리는 계기가 되어 산림생태, 자연환경, 조경 및 자원 공학 분야 등 국내 학계 전문가들은 물론 케냐, 중국 등 해외 석회석광산 관계자들이 현장을 방문해 산림의 생태적 복원 기술을 벤치마킹 하는 등 전 세계적으로 주목 받고 있다.

한라시멘트의 채광계획은 광산의 생태적 복원을 전제로 추진되고 있으며, 사업의 목적은 중장기적 광산 복원계획과 연계한 생태적 복원 기반 마련에 있다.

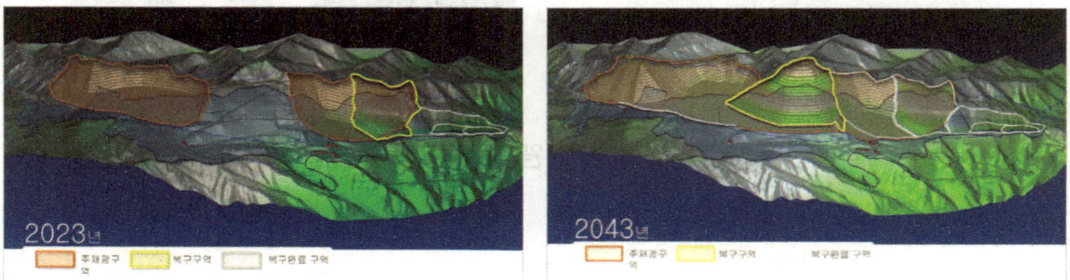

[그림 5-33] 광산 복원계획 시뮬레이션

생태복원 과정은 장기간에 이루어지는 것이며 계획단계에서 예측하지 못한 변수들에 의해 전혀 새로운 방향으로 갈 수도 있기 때문에, 장기적인 모니터링이 반드시 필요하다.

생태복원의 효과를 양적인 측면과 질적인 측면에서 복합적으로 검토할 필요가 있다. 이 현장은 양적인 측면에서는 식생이 조성이 잘 되었지만, 생물다양성과 같은 질적인 측면에서는 다른 개념에서 평가할 필요가 있다.

생태복원에는 미래에 대한 예측이 필요하다. 현재 있는 식생구조는 시간이 지남에 따라 바뀌게 될 것이며, 그 방향은 바로 주변에 있는 참조생태계와 유사하게 되거나, 새로운 방향으로 변하게 될 것이다.

지금까지 생태복원 사업은 초기의 식생정착에 초점이 맞추어져 있었다면, 이후에는 생태복원 목표를 달성할 수 있도록 어떻게 유도할 것인지에 맞추어질 필요가 있다. 이를 위해서는 사후관리에 대한 검토가 필요하며, 각각의 방향에 맞추어서 유지, 보완, 개량 등의 방법을 적용하기 위한 선택이 필요하다.

또한 식물 위주로 진행되고 있는 복원사업이 향후 동물종과 그 서식지 복원과 연계될 필요가 있으며, 그 지역에 살고 있는 동물들의 서식지가 될 수 있도록 하여야 할 것이다.

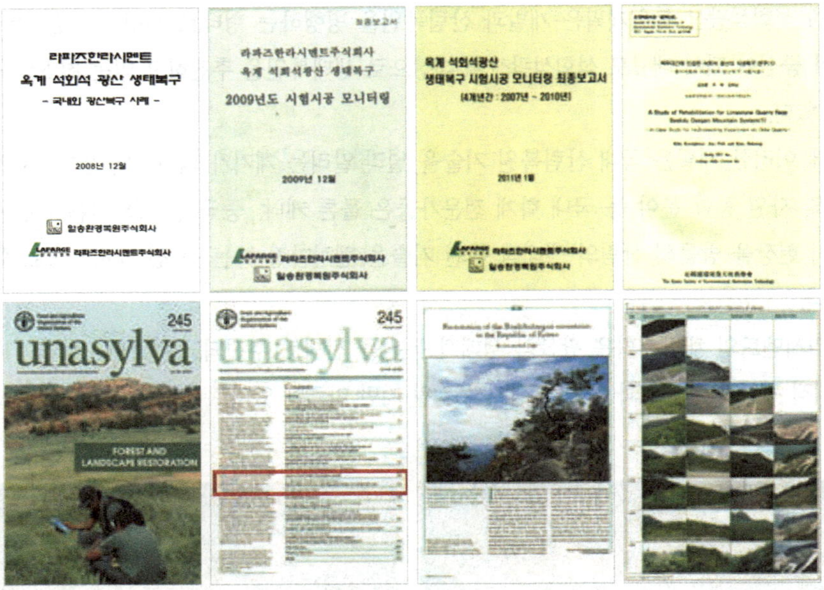

[그림 5-34] 광산복원 관련 보고서 및 논문

석회석광산의 생태적 복원

6. 동식물과의 공존

대규모 개발 행위는 주변 자연환경에 영향을 미치게 된다. 이곳은 여러 가지 동식물이 살아가는 공간으로서, 한 곳에서 일어나는 훼손은 그 지역뿐만 아니라 주변으로 연계되어 넓은 범위에 영향을 미치게 된다. 개발로 인한 직접적인 영향은 개발지역 내부의 식물이 훼손되어 사라지는 것이다. 그러나 동물은 식물과 달리 이동성이 있어서 주변에 광범위한 서식지를 가지기 때문에 더 폭넓게 영향범위를 파악해야 한다. 생태복원을 위해서는 식물종과 함께 그곳에 원래 서식하던 동물종의 서식지를 복원해주는 것이 필요하다. 만약 훼손으로 인하여 기존에 살고 있던 동물종의 서식지를 복원하는 것이 어렵다면, 변형된 환경조건에 적합한 새로운 종들의 서식지를 조성하는 것과 같은 생물다양성의 유지 및 증진에 기여하기 위한 노력이 필요하다.

06 동식물과의 공존

1) 동식물과 공존하는 계획 수립

생태복원 계획의 현장 타당성 검증 및 최적의 복원방법을 도출하고자 2007년부터 2010년까지 4년간 17ha를 대상으로 시험시공을 실시한 이후 해당 지역에 대한 모니터링을 수행해오고 있으며, 인근지역에 서식하는 야생식물의 보전 및 증식을 위해 이식장을 운영하면서 광산 복원에 활용하는 계획을 실천하고 있다.

생태복원은 식물뿐만 아니라 동물과도 연관이 되어 있기 때문에 야생동물의 서식지 및 개체 보전이 필요하다. 현장에서는 2008년부터 10여 년째 원주지방환경청과 시민단체 그리고 회사가 공동으로 동물종 서식지 복원사업과 겨울철 야생동물 먹이주기 및 올무 수거 행사를 진행하고 있다.

이 사업에서 가장 중심이 되는 것은 멸종위기 생물의 체계적 증식과 복원 그리고 생물다양성 확보로서 현재 곤충, 동물, 식물 등 다양한 종에 대해 시범사업을 수행하고 있다.

[표 6-1] 멸종위기종 및 서식지복원 사업 대상종

대상종	이름	비고
곤충류	붉은점모시나비 *Parnassius bremeri*	서식지 복원
조류	원앙 *Aix galericulata* 소쩍새 *Otus scops*	둥지 설치
포유류	하늘다람쥐 *Pteromys volansaluco*	둥지 설치
육상식물	날개하늘나리 *Lilium dauricum* 개병풍 *Astilboides tabularis*	종자확보 및 증식

[표 6-2] 멸종위기종 및 서식지복원 사업 추진 일정

항목	서식지복원	기타
2007년		• 연중 모니터링 실시 • 야생식물 제2이식장 설치
2008년		• 연중 모니터링 실시 • 야생동물 먹이주기, 올무수거 행사 시작
2009년		• 연중 모니터링 실시
2010년		• 연중 모니터링 실시
2011년		• 연중 모니터링 실시 • 야생식물 제3이식장 설치
2012년	• 9월, 서식지 복원계획 수립	• 지역 환경단체와 공동 모니터링
2013년	• 11월, 전문가 현장조사(나비 서식지)	• 지역 환경단체와 공동 모니터링
2014년	• 4월, 먹이식물 1차 식재(기린초, 엉겅퀴, 쥐오줌풀) • 5월, 전문가 현장조사(둥지) • 6월, 1차년도 방사(30쌍) • 10월, 인공둥지 설치 및 무인센서카메라 설치	• 지역 환경단체와 공동 모니터링 • 6월, 1사 1멸종위기종 복원사업 협약 체결 (원주지방환경청, 홀로세) • 복원센터 설치 운영
2015년	• 4월, 먹이식물 2차 식재 • 5월, 2차년도 방사(30쌍) • 7월, 둥지 이용 확인(원앙, 하늘다람쥐)	• 지역 환경단체와 공동 모니터링
2016년	• 2월, 둥지설치(5개소) 및 무인센서 카메라 설치 • 4월, 먹이식물 3차 식재 • 6월, 3차년도 방사(40쌍) • 11월, 멸종위기 야생식물 식재(날개하늘나리 200개체, 개병풍 100개체)	• 지역 환경단체와 공동 모니터링
2017년		• 지역 환경단체와 공동 모니터링 • 6월, 멸종위기종 복원사업 업무협약 (원주지방환경청, 강원도 자연환경연구공원) • 국민참여형 도시숲 조성사업(1)
2018년	• 4월, 먹이식물 4차 식재 • 5월, 멸종위기 야생식물 식재(날개하늘나리 100개체, 개병풍 100개체)	• 연중 모니터링 실시 • 국민참여형 도시숲 조성사업(2) • 국민의 숲 조성사업 추진

멸종위기 야생생물

야생생물 보호 및 관리에 관한 법률에 따라 효과적인 보호를 위하여 야생생물을 대상으로 환경부가 지정 보호하는 생물들을 말한다. 여기에는 멸종위기종에 관한 각종 금지조항 및 의무사항을 명시하고 있다. 또한, 야생생물 보호 및 관리에 관한 법률에는 단순히 금지 및 의무사항만을 규정하고 있는 것이 아니라, 멸종위기종의 보호와 생존을 위한 국가의 의무, 즉, 서식지 보전, 멸종위기종 보호대책 수립, 조사·연구, 서식지외보전기관 지정, 멸종위기종의 복원사업 추진 등을 규정하고 있다. 멸종위기 야생생물은 자연적 또는 인위적 위협요인으로 인하여 개체수가 현격히 감소하거나 소수만 남아 있어 가까운 장래에 절멸될 위기에 처해 있는 야생생물을 말하며, 법으로 지정하여 보호·관리하는 법정보호종으로, 현재 멸종위기 야생생물 I급과 II급으로 나누어 지정 관리하고 있다.

- 야생생물 보호 및 관리에 관한 법률 [시행 2018. 10. 16.] 제2조(정의)

1. "야생생물"이란 산·들 또는 강 등 자연상태에서 서식하거나 자생(自生)하는 동물, 식물, 균류·지의류(地衣類), 원생생물 및 원핵생물의 종(種)을 말한다.
2. "멸종위기 야생생물"이란 다음 각 목의 어느 하나에 해당하는 생물의 종을 말한다.

가. 멸종위기 야생생물 I급: 자연적 또는 인위적 위협요인으로 개체수가 크게 줄어들어 멸종위기에 처한 야생생물로서 관계 중앙행정기관의 장과 협의하여 환경부령으로 정하는 종

나. 멸종위기 야생생물 II급: 자연적 또는 인위적 위협요인으로 개체수가 크게 줄어들고 있어 현재의 위협요인이 제거되거나 완화되지 아니할 경우 가까운 장래에 멸종위기에 처할 우려가 있는 야생생물로서 관계 중앙행정기관의 장과 협의하여 환경부령으로 정하는 종

3. "국제적 멸종위기종"이란 「멸종위기에 처한 야생동식물종의 국제거래에 관한 협약」(이하 "멸종위기종국제거래협약"이라 한다)에 따라 국제거래가 규제되는 다음 각 목의 어느 하나에 해당하는 생물로서 환경부장관이 고시하는 종을 말한다.

- 야생생물 보호 및 관리에 관한 법률 시행규칙 [2017.12.29.]

별표 1(멸종위기 야생생물)

- 포유류

가. 멸종위기 야생생물 I급 (12종)

늑대 *Canis lupus coreanus* 대륙사슴 *Cervus nippon hortulorum*
반달가슴곰 *Ursus thibetanus ussuricus* 붉은박쥐 *Myotis rufoniger*
사향노루 *Moschus moschiferus* 산양 *Naemorhedus caudatus*
수달 *Lutra lutra* 스라소니 *Lynx lynx* 여우 *Vulpes vulpes peculiosa*
작은관코박쥐 *Murina ussuriensis* 표범 *Panthera pardus orientalis*
호랑이 *Panthera tigris altaica*

나. 멸종위기 야생생물 II급 (8종)

담비 *Martes flavigula* 무산쇠족제비 *Mustela nivalis*
물개 *Callorhinus ursinus* 물범 *Phoca largha*
삵 *Prionailurus bengalensis* 큰바다사자 *Eumetopias jubatus*
토끼박쥐 *Plecotus auritus* 하늘다람쥐 *Pteromys volans aluco*

▪ 조류

가. 멸종위기 야생생물 I급 (14종)

검독수리 *Aquila chrysaetos* 넓적부리도요 *Eurynorhynchus pygmeus*
노랑부리백로 *Egretta eulophotes* 두루미 *Grus japonensis*
매 *Falco peregrinus* 먹황새 *Ciconia nigra*
저어새 *Platalea minor* 참수리 *Haliaeetus pelagicus*
청다리도요사촌 *Tringa guttifer* 크낙새 *Dryocopus javensis*
호사비오리 *Mergus squamatus* 혹고니 *Cygnus olor*
황새 *Ciconia boyciana* 흰꼬리수리 *Haliaeetus albicilla*

나. 멸종위기 야생생물 II급 (49종)

개리 *Anser cygnoides* 검은머리갈매기 *Larus saundersi*
검은머리물떼새 *Haematopus ostralegus* 검은머리촉새 *Emberiza aureola*
검은목두루미 *Grus grus* 고니 *Cygnus columbianus*
고대갈매기 *Larus relictus* 긴꼬리딱새 *Terpsiphone atrocaudata*
긴점박이올빼미 *Strix uralensis* 까막딱다구리 *Dryocopus martius*
노랑부리저어새 *Platalea leucorodia* 느시 *Otis tarda*
독수리 *Aegypius monachus* 따오기 *Nipponia nippon*
뜸부기 *Gallicrex cinerea* 무당새 *Emberiza sulphurata*
물수리 *Pandion haliaetus* 벌매 *Pernis ptilorhynchus*
붉은배새매 *Accipiter soloensis* 붉은어깨도요 *Calidris tenuirostris*
붉은해오라기 *Gorsachius goisagi* 뿔쇠오리 *Synthliboramphus wumizusume*
뿔종다리 *Galerida cristata* 새매 *Accipiter nisus* 새호리기 *Falco subbuteo*
섬개개비 *Locustella pleskei* 솔개 *Milvus migrans*
쇠검은머리쑥새 *Emberiza yessoensis* 수리부엉이 *Bubo bubo*
알락개구리매 *Circus melanoleucos*
알락꼬리마도요 *Numenius madagascariensis*
양비둘기 *Columba rupestris* 올빼미 *Strix aluco* 재두루미 *Grus vipio*
잿빛개구리매 *Circus cyaneus* 조롱이 *Accipiter gularis*
참매 *Accipiter gentilis* 큰고니 *Cygnus cygnus* 큰기러기 *Anser fabalis*
큰덤불해오라기 *Ixobrychus eurhythmus* 큰말똥가리 *Buteo hemilasius*
팔색조 *Pitta nympha* 항라머리검독수리 *Aquila clanga*
흑기러기 *Branta bernicla* 흑두루미 *Grus monacha*
흑비둘기 *Columba janthina* 흰목물떼새 *Charadrius placidus*
흰이마기러기 *Anser erythropus* 흰죽지수리 *Aquila heliaca*

▪ 양서류·파충류

가. 멸종위기 야생생물 I급 (2종)

비바리뱀 *Sibynophis chinensis* 수원청개구리 *Hyla suweonensis*

나. 멸종위기 야생생물 II급 (6종)

고리도롱뇽 *Hynobius yangi* 구렁이 *Elaphe schrenckii*
금개구리 *Pelophylax chosenicus* 남생이 *Mauremys reevesii*
맹꽁이 *Kaloula borealis* 표범장지뱀 *Eremias argus*

▪ 어류

가. 멸종위기 야생생물 I급 (11종)

감돌고기 *Pseudopungtungia nigra* 꼬치동자개 *Pseudobagrus brevicorpus*
남방동사리 *Odontobutis obscura* 모래주사 *Microphysogobio koreensis*
미호종개 *Cobitis choii* 얼룩새코미꾸리 *Koreocobitis naktongensis*
여울마자 *Microphysogobio rapidus* 임실납자루 *Acheilognathus somjinensis*
좀수수치 *Kichulchoia brevifasciata* 통사리 *Liobagrus obesus*
흰수마자 *Gobiobotia nakdongensis*
묵납자루 *Acheilognathus signifer* 백조어 *Culter brevicauda*
버들가지 *Rhynchocypris semotilus* 부안종개 *Iksookimia pumila*
연준모치 *Phoxinus phoxinus* 열목어 *Brachymystax lenok tsinlingensis*
칠성장어 *Lethenteron japonicus* 큰줄납자루 *Acheilognathus majusculus*
한강납줄개 *Rhodeus pseudosericeus* 한둑중개 *Cottus hangiongensis*

▪ 곤충류

가. 멸종위기 야생생물 I급 (6종)

붉은점모시나비 *Parnassius bremeri* 비단벌레 *Chrysochroa coreana*
산굴뚝나비 *Hipparchia autonoe* 상제나비 *Aporia crataegi*
수염풍뎅이 *Polyphylla laticollis manchurica* 장수하늘소 *Callipogon relictus*

나. 멸종위기 야생생물 II급 (20종)

깊은산부전나비 *Protantigius superans* 꼬마잠자리 *Nannophya pygmaea*
노란잔산잠자리 *Macromia daimoji* 닻무늬길앞잡이 *Cicindela anchoralis*
대모잠자리 *Libellula angelina*
두점박이사슴벌레 *Prosopocoilus astacoides blanchardi*
뚱보주름메뚜기 *Haplotropis brunneriana*
멋조롱박딱정벌레 *Damaster mirabilissimus mirabilissimus*
물방개 *Cybister chinensis* 물장군 *Lethocerus deyrolli*
소똥구리 *Gymnopleurus mopsus* 쌍꼬리부전나비 *Cigaritis takanonis*
애기뿔소똥구리 *Copris tripartitus* 여름어리표범나비 *Mellicta ambigua*
왕은점표범나비 *Argynnis nerippe* 은줄팔랑나비 *Leptalina unicolor*

참호박뒤영벌 *Bombus koreanus* 창언조롱박딱정벌레 *Damaster changeonleei*
큰자색호랑꽃무지 *Osmoderma opicum* 큰홍띠점박이푸른부전나비 *Sinia divina*

■ 육상식물

가. 멸종위기 야생생물 Ⅰ급 (11종)

광릉요강꽃 *Cypripedium japonicum* 금자란 *Gastrochilus fuscopunctatus*
나도풍란 *Sedirea japonica* 만년콩 *Euchresta japonica*
비자란 *Thrixspermum japonicum* 암매 *Diapensia lapponica var. obovata*
죽백란 *Cymbidium lancifolium* 털복주머니란 *Cypripedium guttatum*
풍란 *Neofinetia falcata* 한라솜다리 *Leontopodium hallaisanense*
한란 *Cymbidium kanran*

나. 멸종위기 야생생물 Ⅱ급 (77종)

가는동자꽃 *Lychnis kiusiana* 가시연 *Euryale ferox*
가시오갈피나무 *Eleutherococcus senticosus*
각시수련 *Nymphaea tetragona* var. *minima*
개가시나무 *Quercus gilva* 개병풍 *Astilboides tabularis*
갯봄맞이꽃 *Glaux maritima* var. *obtusifolia*
검은별고사리 *Cyclosorus interruptus*
구름병아리난초 *Gymnadenia cucullata*
기생꽃 *Trientalis europaea* ssp. *arctica*
끈끈이귀개 *Drosera peltata* var. *nipponica*
나도승마 *Kirengeshoma koreana* 날개하늘나리 *Lilium dauricum*
넓은잎제비꽃 *Viola mirabilis* 노랑만병초 *Rhododendron aureum*
노랑붓꽃 *Iris koreana* 단양쑥부쟁이 *Aster altaicus* var. *uchiyamae*
닻꽃 *Halenia corniculata* 대성쓴풀 *Anagallidium dichotomum*
대청부채 *Iris dichotoma* 대흥란 *Cymbidium macrorhizon*
독미나리 *Cicuta virosa* 두잎약난초 *Cremastra unguiculata*
매화마름 *Ranunculus trichophyllus* var. *kadzusensis*
무주나무 *Lasianthus japonicus* 물고사리 *Ceratopteris thalictroides*
방울난초 *Habenaria flagellifera* 백부자 *Aconitum coreanum*
백양더부살이 *Orobanche filicicola*
백운란 *Vexillabium yakusimensis* var. *nakaianum*
복주머니란 *Cypripedium macranthos* 분홍장구채 *Silene capitata*
산분꽃나무 *Viburnum burejaeticum* 산작약 *Paeonia obovata*
삼백초 *Saururus chinensis* 새깃아재비 *Woodwardia japonica*
서울개발나물 *Pterygopleurum neurophyllum* 석곡 *Dendrobium moniliforme*
선제비꽃 *Viola raddeana* 섬개야광나무 *Cotoneaster wilsonii*
섬개현삼 *Scrophularia takesimensis* 섬시호 *Bupleurum latissimum*
세뿔투구꽃 *Aconitum austrokoreense* 손바닥난초 *Gymnadenia conopsea*

솔붓꽃 *Iris ruthenica* var. *nana* 솔잎난 *Psilotum nudum*
순채 *Brasenia schreberi* 신안새우난초 *Calanthe aristulifera*
애기송이풀 *Pedicularis ishidoyana* 연잎꿩의다리 *Thalictrum coreanum*
왕제비꽃 *Viola websteri* 으름난초 *Cyrtosia septentrionalis*
자주땅귀개 *Utricularia yakusimensis*
전주물꼬리풀 *Dysophylla yatabeana* 정향풀 *Amsonia elliptica*
제비동자꽃 *Lychnis wilfordii* 제비붓꽃 *Iris laevigata*
제주고사리삼 *Mankyua chejuense* 조름나물 *Menyanthes trifoliata*
죽절초 *Sarcandra glabra* 지네발란 *Cleisostoma scolopendrifolium*
진노랑상사화 *Lycoris chinensis* var. *sinuolata*
차걸이란 *Oberonia japonica* 참물부추 *Isoetes coreana*
초령목 *Michelia compressa* 칠보치마 *Metanarthecium luteo-viride*
콩짜개란 *Bulbophyllum drymoglossum* 큰바늘꽃 *Epilobium hirsutum*
탐라란 *Gastrochilus japonicus* 파초일엽 *Asplenium antiquum*
피뿌리풀 *Stellera chamaejasme* 한라송이풀 *Pedicularis hallaisanensis*
한라옥잠난초 *Liparis auriculata* 해오라비난초 *Habenaria radiata*
혹난초 *Bulbophyllum inconspicuum* 홍월귤 *Arctous alpinus* var. *japonicus*
황근 *Hibiscus hamabo*

2) 붉은점모시나비 서식지 복원

붉은점모시나비는 나비목 호랑나비과 곤충으로 모시와 같은 반투명 날개에 뚜렷하게 박힌 붉은 점이 특징으로 한국을 비롯해 중국, 러시아 극동지역 등지에서 서식한다. 붉은점모시나비는 과거 우리나라 전역에 국지적으로 분포하였으나 2000년대에 들어서 서식지가 급격히 감소하였다. 2013년도 조사 기록과 문헌에 의하면 붉은점모시나비의 분포는 강원도 삼척과 정선, 충청도 영동, 경북 의성 그리고 지리산 일원에 국지적으로 남아 있는 것으로 보고되었다(국립생물자원관, 2013). 국내에서는 급격한 개체수 감소에 따라 2012년 멸종위기 야생생물 2급으로 지정되었고 2017년 Ⅰ급으로 상향조정 되었다.

붉은점모시나비는 대표적인 한지성 나비이며, 아름다움과 희소성 때문에 전 세계 멸종위기 동식물 보호종 중 복원 우선순위가 높은 편이다. 붉은점모시나비 서식지 복원사업은 원주지방환경청을 중심으로 진행되고 있으며, 최근에는 삼척시 하장면, 정선 폐광지역, 춘천시 강촌 일원에 서식지를 복원하고 인공증식 개체를 방사한 사례가 있다.

서식지복원 안내판

방사 행사

먹이식물 식재지역

먹이식물로 식재된 기린초

붉은점모시나비 애벌레

붉은점모시나비 성체

[그림 6-1] 붉은점모시나비 서식지 복원사업

이곳에서는 2013년 붉은점모시나비의 서식지 복원을 위한 현장조사가 시작되었으며, 서식지 기반이 조성된 이후에 2016년까지 3차례에 걸쳐 성체 100쌍을 방사하였다. 현재 서식지 외 보전기관(홀로세생태연구소)과 공동 모니터링을 수행하고 있으며, 현지에서 애벌레와 성충이 발견되고 있다.

조성해 준 서식지에서 애벌레가 발견되었다는 것은 인공적으로 방사한 성충이 서식지에서 알을 낳고 부화가 이루어지고 있다는 것을 보여준다. 2017년 4~5월 모니터링 결과 애벌레 50여 개체 및 성체 30여 개체가 확인되는 등 복원사업이 성공적으로 추진되고 있다는 평가를 받고 있다.

붉은점모시나비의 서식지가 안정화되려면 먹이가 되는 식물이 풍부해야 한다. 붉은점모시나비의 먹이식물은 기린초, 엉겅퀴, 뻐꾹채, 쥐오줌풀, 민들레, 찔레, 고들빼기 등으로 알려져 있다. 이 현장에서는 서식지 조성을 위하여 먹이식물과 흡밀식물인 기린초, 엉겅퀴, 쥐오줌풀 등을 지속적으로 식재하여 보완하고 있다.

붉은점모시나비 서식지 복원 사업은 일회성으로 그치는 것이 아니라 외부에서 개체를 도입해서 방사하지 않고도 자생적으로 나비 개체가 유지될 수 있도록 다양한 노력을 기울이고 있다. 또한 현재는 1개소의 서식지만 조성되어 있는데, 주변에 여러 개의 패치를 조성하여 나비 개체군이 이동하고 유전자 교환이 이루어질 수 있도록 하는 방안도 장기적으로 검토할 필요가 있겠다.

붉은점모시나비 (*Parnassius bremeri* Bremer)

멸종위기 야생생물 Ⅰ급(환경부)으로 지정된 호랑나비과에 속하는 생물로서, 날개편의 길이가 70㎜내외인 나비이며, 날개에 모시같은 반투명의 날개에 붉은점이 뚜렷이 있는 것이 특징이다. 우리나라에서는 전역에 국지적으로 분포하나 그 개체수는 매우 적으며 우리나라 이외에 중국이나 러시나 동북지역의 중위도 이상의 산지에 서식하는 것으로 알려져 있다.

부화 당시 애벌레는 흑색으로 몸길이가 4㎜정도이고, 2령 애벌레는 15㎜, 3령은 17㎜, 4령은 38㎜, 종령 애벌레는 몸길이가 40㎜이고 머리의 너비는 2.8㎜ 정도이다. 몸은 흑색으로 긴털이 무수히 나 있고 복부의 각 마디에는 붉은색의 원형무늬가 선명하게 나있다.

성충은 5월 중순에서 6월 중순에 걸쳐 연 1회 발생하는 것으로 알려져 있다. 수컷은 복부 전체에 긴털이 나 있는 반면 암컷은 복부에 털이 없고 교미한 후에는 끝에 수태낭을 달고 다닌다.

성충은 오전 중 천천히 날면서 엉겅퀴, 기린초 등의 꽃에서 흡밀한다. 암컷은 먹이식물인 기린초 주변의 지표면에 죽은가지나 마른잎에 낱개로 알을 낳으며 알속에서 부화한 1령 애벌레는 알껍질 속에서 여름을 거쳐 겨울을 난다. 애벌레는 3월 하순경부터 4월 초순에 알껍질을 뚫고 나와 먹이식물을 먹으면서 자란다. 다 자란 애벌레는 엉성한 고치를 만들고 번데기가 된다.

암컷은 먹이식물이 있는 곳 주위의 마른 나무 등에 산란하는 습성이 있다. 알로서 월동하며, 알은 황백색이고 만두 모양이며 표면은 오돌도돌한 돌기들이 나 있다. 크기는 직경이 1.5~1.7㎜이고 높이가 0.8~1.1㎜정도이다.

※자료 : 국가생물종지식정보시스템 (http://www.nature.go.kr)

3) 원앙, 소쩍새, 하늘다람쥐 서식지 복원

원앙은 기러기목 오리과의 조류이며, 소쩍새는 올빼미목 올빼미과의 조류로서 우리 민족과 친근감이 매우 깊은 동물들이라 할 수 있다. 또한 하늘다람쥐는 설치목 청설모과의 설치류로 앞다리와 뒷다리 사이에 있는 익막으로 공중을 날 수 있는 독특한 모습의 설치류이다.

이들은 모두 한국을 비롯해 중국, 러시아 등에 서식하고 있지만 국내에 개체수 감소에 따라 원앙과 소쩍새는 천연기념물로 지정되었으며, 하늘다람쥐는 멸종위기 야생생물 Ⅱ급으로 각각 지정되었다.

야생동물 인공둥지 설치

무인센서카메라 설치

모니터링 사진

서식이 확인된 하늘다람쥐

원앙

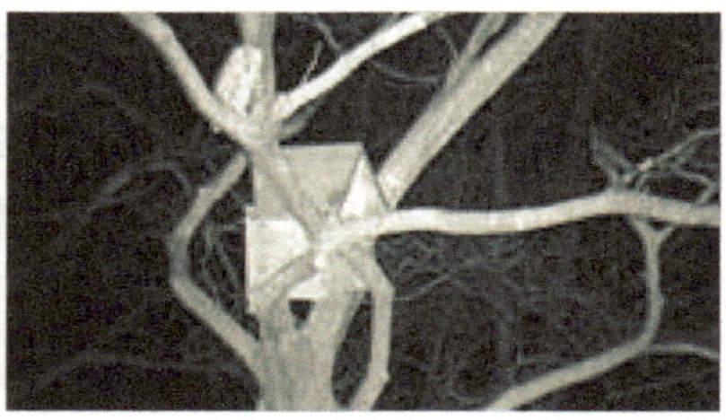

소쩍새

담비

하늘다람쥐

[그림 6-2] 야생동물 서식지 보전 활동

이들 동물종 서식지 복원을 목표로 2014년 사업 대상지역을 선정하기 위하여 전문가가 참여하여 현장조사를 시작하여, 2016년까지 인공 둥지 설치 사업을 추진하였다. 이후 서식 현황에 대한 지속적인 모니터링을 수행하고 있으며, 2017년 이후 설치된 10개소의 모든 둥지에서 야생동물이 둥지를 이용하는 사례가 확인되었다.

회사에서는 야생동물의 서식지 및 개체보전이라는 사업 목적의 연장선상에서 2008년부터 10여 년째 원주지방환경청 및 시민단체와 공동으로 겨울철 야생동물 먹이주기와 올무수거 행사를 지속적으로 추진하고 있으며, 정부기관과 환경시민단체의 공동 진행으로 큰 의미를 가지고 있다.

[그림 6-3] 야생동물 먹이주기 활동

4) 야생식물 보전

인근지역에 서식하는 야생식물의 보전 및 증식을 목표로 야생식물 이식장 및 복원센터를 운영하고 있으며, 야생식물 개체를 확보하여 이식장에서 관리하고 있다. 현재는 이식된 개체에서 종자나 삽수를 확보하여 대량 증식하는 방법을 연구 중에 있다. 이러한 방법을 통하여 증식한 개체 중 일부는 다시 숲으로 옮겨 심고 있다. 또한 모니터링을 통하여 이를 향후 현장 타당성 검증과 최적의 복원방법을 도출하기 위한 복원소재로 활용할 계획이다.

이식장은 총 3개를 운영 중에 있다. 제1이식장은 백두대간마루금에 인접해 있는 곳으로서 과거에는 개발대상지였으나, 현재는 개발이 중지되고 원식생으로 생태숲 복원이 이루어지고 있다.

야생식물 이식장

식재 행사

제1이식장

제1이식장(개병풍)

제2이식장

제2이식장(전경)

제3이식장

제3이식장(전경)

[그림 6-4] 야생식물 이식장 운영

제2이식장은 2007년도 시험시공이 진행되었던 부지 옆에 위치하고 있으며, 다양한 개체들을 확보하여 전시장의 개념으로 조성·관리되고 있다. 또한 이곳에서 대량 증식된 날개하늘나리, 개병풍은 주변 산지 내부로 옮겨 심는 연구가 진행되고 있다.

날개하늘나리

날개하늘나리

솔나리

솔나리

개병풍

개병풍

자병취

가는대나물

[그림 6-5] 야생식물 이식장에 식재된 주요 식물

만리화

발아 상태

초기 유묘 생육

현장 식재 초기

식재지 안내판

식재 3개월 후

[그림 6-6] 만리화 증식 및 현장 적용 현황

2016년부터는 멸종위기 야생생물 Ⅱ급인 날개하늘나리와 개병풍 식재 작업 및 서식 현황 모니터링을 진행하고 있다. 날개하늘나리는 백합목 백합과의 식물로 국내에 자생하는 나리류 중 관상가치가 가장 높으며, 유전자원으로 가치 또한 높은 종이다. 또한 개병풍은 장미목 범의귀과의 식물로 국내 자생 육상식물 중 잎이 가장 커서 지름이 50~60㎝ 정도이며, 긴 입자루로 우산과 같은 형태를 띤 것이 특징을 가지고 있다. 이들 모두 한국, 일본, 중국 등에 자생하고 있지만 국내 개체수 감소에 따라 멸종위기 야생생물 Ⅱ급으로 지정되었고 자생지 복원을 통한 개체수 증대가 시급한 종이다.

제3이식장은 광산 본관 근처의 평지에 조성되어 있다. 이곳에서는 채취한 종자 및 삽수를 이용하여 유전자원 보전 및 대량증식이 진행되고 있다. 대량 증식된 식물 개체는 향후 복원 대상지에서 복원용 식물로 활용될 계획이다.

석회석광산의 생태적 복원

7. 다양한 분야의 전문가 참여

복원의 방법 및 과정은 자연의 다양성만큼이나 여러 가지 대안이 있을 수 있다. 훼손된 곳을 다시 복원하는 것은 어려운 과정이기 때문에 효율과 효과에 대한 생각이 필요하다. 효율성은 목표를 이루기 위한 과정에서 경제적인 것(시간, 예산 등)을 의미하고, 효과성은 목표를 달성하여 원하는 결과를 얻는 것이라고 할 수 있다. 따라서 복원시행 측면에서는 효율적인 방법을 적용하는 것이 좋겠지만, 복원 목표를 달성하기 위해서는 효과적인 방법을 적용하는 것이 바람직하다. 이러한 논의 과정에 소수의 전문가들만이 참여하는 것은 복원사업을 추진하는 사업적 측면에서는 유리하겠지만. 생태복원의 결과 측면에서 본다면 효과적이라고는 볼 수 없다. 따라서 이 현장과 같이 대규모 개발지역의 복원 과정에는 다양한 분야의 사람들이 참여하여야 하며, 이들의 여러 가지 생각의 조합을 통해서 효과적인 방법을 찾아가는 것이 중요하다.

07

다양한 분야의 전문가 참여

1) 전문가의 참여

복원의 방법 및 과정은 자연의 다양성만큼이나 여러 가지 대안이 있을 수 있으며, 생태복원은 매우 어렵고 수많은 시행착오를 겪어야 하는 긴 과정이기 때문에 효율과 효과에 대한 생각이 필요하다. 효율성은 목표를 이루기 위한 과정상에서 경제적인 것(시간, 예산 등)을 중요시하는 것이고 효과성은 목표를 달성함으로써 궁극적으로 원하는 결과를 얻는 것이라고 할 수 있다.

따라서 복원 공사를 시행하는 측면에서는 효율적인 방법을 적용하는 것이 좋겠지만, 복원 목표를 달성하기 위해서는 효과적인 방법을 적용하는 것이 바람직하다. 효율과 효과라는 것은 상황에 따라서는 대립하는 측면이 있기 때문에 사업을 시행할 때에는 불가피하게 어느 한 쪽을 선택하게 되는 경우가 있다. 또한 이러한 진행 과정에 소수의 전문가들만이 참여하는 것은 복원사업을 추진하는 단계에서는 좋겠지만, 생태복원의 결과 측면에서 본다면 효과적이라고는 볼 수 없다.

따라서 이 현장과 같이 대규모 개발지역의 복원 과정에는 이해관계자들을 포함하여 다양한 분야의 사람들이 참여하여야 하며, 다양한 생각들의 조합을 통해서 효율적이면서도 효과적인 방법을 찾아가는 것이 중요하다. 특히 생태복원 공사는 시공성, 안정성, 경관, 생물다양성 등의 여러가지 분야에 대한 검토가 필요하기 때문에 신중한 접근이 필요하다.

백두대간에 인접해 있는 옥계 석회석광산은 개발 당시에는 복원에 대한 개념이 부족하였지만, 운영 중간에 생태적 복원과 관련한 다양한 이슈들을 접하게 되면서 여러 분야의 전문가와 이해관계자가 참여하는 구조가 만들어졌다[6]

먼저 광산의 환경 친화적이고 생태적으로 지속 가능한 복구·복원 모델을 수립하고 복원을 수행하기 위하여 민관의 전문가들이 참여하는 합동협의회가 2003년에 구성되었다. 이후 기존에 운영하고 있던 민관합동협의회는 복원·복구관련 자문기구로서 환경영향평가 협의내용의 적정 이행여부를 확인하는 역할에는 한계가 있으므로 협의내용 및 복구계획의 적정 이행

6) 협의회 및 위원회에서는 복구와 복원의 용어가 혼용되고 있음. 과거에는 산림복구의 개념이 많이 논의되었으며, 최근에는 생태복원의 관점에서 주로 의견이 제시되고 있음. 이 장에서는 회의 당시에 나왔던 용어를 그대로 표현하였으며, 시간적 흐름에 따라 전문가의 의견이 변하고 있는 것을 알 수 있음

여부에 대한 객관적이고 공정한 감시를 도모할 수 있는 모니터링위원회가 2006년에 구성되었다.

2013년에는 석회석 광산개발에 따른 대상 지역의 복구를 시행함에 있어 학계 및 협회 등 전문가들의 복구와 관련된 전문지식을 활용하여 현장실사, 사례연구 및 정보교류를 통하여 기술적 노하우와 실용적 대안을 찾기 위하여 산림복구협의회가 구성되었다.

현재는 광산모니터링위원회와 산림복구협의회가 같이 운영되고 있으며, 그 외에 복구 설계, 안정성 검토, 기타 자문 관련 사항에 대하여 각 분야의 전문가, 지역주민 등이 참여하고 있다.

[표 7-1] 합동협의회, 광산모니터링위원회, 산림복구협의회 추진 경과

연 도	회 의	일 시
2003년	제1차 합동협의회	2003년 02월 25일
	제2차 합동협의회	2003년 03월 14일
2004년	제3차 합동협의회	2003년 06월 02일
	제4차 합동협의회	2003년 09월 22일
2005년	제5차 합동협의회	2004년 06월 18일
	제6차 합동협의회	2005년 07월 20일
2006년	제1차 광산모니터링위원회	2006년 06월 07일
	제7차 합동협의회	2006년 12월 08일
2007년	제2차 광산모니터링위원회	2007년 04월 17일
	제 8차 합동협의회	2007년 09월 20일
2008년	제3차 광산모니터링위원회	2007년 12월 06일
	제4차 광산모니터링위원회	2008년 05월 29일
2009년	제5차 광산모니터링위원회	2008년 10월 28일
	제6차 광산모니터링위원회	2009년 05월 28일
2010년	제7차 광산모니터링위원회	2009년 09월 24일
	제8차 광산모니터링위원회	2010년 06월 10일
2011년	제9차 광산모니터링위원회	2010년 09월 02일
	제10차 광산모니터링위원회	2011년 05월 12일
2012년	제11차 광산모니터링위원회	2011년 10월 13일
	제12차 광산모니터링위원회	2012년 05월 12일
2013년	제13차 광산모니터링위원회	2013년 06월 10일
	제14차 광산모니터링위원회	2013년 10월 25일

연 도	회 의	일 시
2014년	제1차 산림복구협의회	2014년 04월 11일
	제2차 산림복구협의회	2014년 06월 12일
	제15차 광산모니터링위원회	2014년 06월 26일
	제3차 산림복구협의회	2014년 10월 23일
	제16차 광산모니터링위원회	2014년 11월 13일
2015년	제4차 산림복구협의회	2015년 06월 25일
	제5차 산림복구협의회	2015년 10월 25일
	제17차 광산모니터링위원회	2015년 10월 30일
2016년	2016년도 광산모니터링위원회 계획(서면)	2016년 06월 27일
	제6차 산림복구협의회	2016년 07월 14일
	제18차 광산모니터링위원회	2016년 10월 28일
	제7차 산림복구협의회	2016년 11월 11일
2017년	2017년도 광산모니터링위원회 계획(서면)	2017년 06월 01일
	제8차 산림복구협의회	2017년 06월 23일
	제19차 광산모니터링위원회	2017년 11월 03일
	제9차 산림복구협의회	2017년 11월 28일
2018년	2018년도 광산모니터링위원회 계획(서면)	2018년 06월 04일
	제10차 산림복구협의회	2018년 06월 28일
	제11차 산림복구협의회	2018년 10월 23일
	제20차 광산모니터링위원회	2018년 11월 06일

2) 합동협의회

석회석광산의 중·장기적인 복구계획 수립에 대한 논의는 2000년부터 본격적으로 시작되었으며, 복구·종합계획 수립 및 실행 과정 중에 학계, 관계 및 환경단체 등의 전문가로부터 전문적인 연구 및 정보교류의 활성화를 통하여 기술적 노하우를 공유하고 실용적 대안을 수립할 필요성이 확대되었다.

또한 환경친화적이고 생태적으로 지속 가능한 복구·복원 모델을 수립하기 위하여 외국의 복구 사례 벤치마킹, 각종 세미나 개최, 그리고 민·관 합동협의회의 구성 및 운영에 대한 의견이 모아졌다. 이를 위해서 환경단체, 동부지방산림청, 원주지방환경청에서 추천한 전문가들을 중심으로 2003년에 합동협의회가 구성되어 2007년까지 총 8차례의 회의가 진행되었다.

[표 7-2] 합동협의회 구성

항목	구성 인원
학계	원주지방환경청 추천 (상지대학교, 전남대학교) 환국환경복원기술학회 추천 (단국대학교, 성균관대학교, (주)현우그린)
NGO	녹색연합, 백두대간보전회, 야생동물연합, 옥계면환경보전감시원협의회
정부기관	원주지방환경청, 동부지방산림청

합동협의회에서는 논의 되었던 주요 내용은 다음과 같다.

▶ 기본구상

- **장기적으로 전체 면적에 복구를 한다는 관점으로 종합적인 복구계획의 수립 필요**
  - 복구 기본구상 및 목표를 명확히 하며, 백두대간의 생태적 연결성을 중시하고 추후 실시설계로 이어지는 연속성 있는 계획을 수립
  - 광산개발과 산림복구에 상응하는 복구계획을 수립할 때 10년 단위의 장기 계획 보다는 5년 단위로 수립
  - 복구 목표가 너무 높게 선정될 우려가 있으므로, 최소한의 복구를 목표로 기반 조성을 기초로 하여 자연스러운 식생 천이를 유도
  - 지형복구, 토양복구, 식생복구, 녹화 등의 분야별로 복구계획 수립

- **백두대간에 대한 사회적 정서를 감안하여 백두대간인접지역부터 복구 시행을 검토**
  - 전체적인 복구계획은 단계적, 순차적으로 진행하며, 중간 검증단계를 거치도록 함

▶ 유사생태계 및 서식지 조성

- **유사생태계 조성**
  - 훼손된 자병산의 유사생태계를 복구하기 위해 이 지역에 필요한 식물의 이식 등을 통하여 작은 자병산으로 환경 조성 및 복구 추진
  - 특정 야생동식물의 서식지를 복구하기 위해 유사생태계(서식지)를 조성
  - 고산지 생태계, 생물종 등을 위한 서식지 복구
  - 고산 카르스트 지형에 형성되는 습지 또는 반습지를 복구

▶ 수리·수문 및 지형안정

- **정밀조사 시행**
  - 식생환경과 관련하여 석회암지대의 수계(지하수계)에 대한 정밀조사 시행

- 지형 안정성 확보
- 토양 안정성을 보장하는 사방공사 분야에 경험 있는 전문가에 의한 공사관리 시행
- 복구초기 단계에 토양의 구조 및 안정성 확보에 노력
- 재활용이 가능한 폐석물량을 정확히 산정하여 자료화

▶ 식생기반 조성

- **기반 조성**
  - 인위적인 복구보다는 식생기반에 중점을 둔 복구계획의 수립
  - 표층토를 성토에만 사용하지 말고 희귀식물의 식생환경을 조성하는데 사용
  - 지역별 토양 특성(pH 등) 조사 필요

- **기존 복구 시행지**
  - 기존에 복구된 지역은 현재 임시로 폐석을 적치한 것으로서 엄밀한 의미에서 복구에 해당되지 않음

▶ 식생복구

- **원식생 복구**
  - 석회암지역의 자연적이고 전형적인 척박한 입지를 조성하여 원식생 복구 도모
  - 원식생 복구가 전체 면적에 수행될 필요성 재검토

- **자생식물 활용**
  - 복구계획에 외래수종을 최소화하고, 가능한 자생수종의 도입 필요
  - 자생종 복구가 어려우면 천이를 유도하기 위하여 토양개량에 역점을 둔 녹화방식 검토

- **복구 목표**
  - 해발고도와 입지특성을 고려한 목표 군락의 설정
  - 차별화된 녹화체계가 필요(중요한 생태를 고려한 지역과 일반적인 안정녹화 등)

▶ 이식

- **희귀식물**
  - 희귀식물의 이식은 경제적 비용이 요구되나 최대한 이식을 위한 노력 필요
  - 훼손지역의 특정식물 보호를 위해 유사한 입지조건으로 이식되도록 진행

- 희귀식물이 증식할 수 있도록 환경을 조성하는 노력 필요

- **근주이식**
  - 목본류의 근주이식은 생존가능성이 희박함
  - 근주이식은 원식생복구 목표와 차이가 있음

- **이식장**
  - 이식장을 조성·운영할 수 있는 계획을 수립하고 작업 수행
  - 이식장의 사후관리는 철저히 시행
  - 현재 이식장은 백리향, 만리화에 집중되어 있으므로 다양한 희귀식물을 위한 이식장 조성이 필요
  - 이식장을 시험장소로 이용하여 종 선택, 목표 군락의 선정, 주변식생의 이입 등을 시험하는 장소 및 자연관찰학습장으로 이용
  - 차나무 등 경제수림 조성 가능성을 타진

▶ 야생동물 보호

- **모니터링 실시**
  - 야생동물의 조사를 통해 밀도 및 이동경로를 파악하고, 필요시 보호 방안 수립

- **서식환경 조성**
  - 자병산, 석병산에 야생동물의 서식밀도가 높아 이의 서식환경을 조성을 위한 연구가 필요

▶ 기타

- **조사의 범위**
  - 사업계획지구를 포함하여 석병산 일대까지 생태계 정밀조사를 실시

- **복구 예산**
  - 복구에 필요한 예산을 기금형태로 사회에 출연

- **지역주민 및 전문가 참여**
  - 지역주민이 참여하는 복구계획의 수립 요구
  - 복구 전문인력 혹은 부서를 만들고 자체 기술인력 확보 필요

- **채광방법**
  - 노천채광에서 갱내채광으로 채광방법의 변경 검토

- **자료 구축**
  - 복구결과에 대한 데이터베이스 구축 권장

3) 광산모니터링위원회

2005년 국정감사시 옥계 석회석광산 복구계획의 적정이행 여부를 감시할 기구의 구성이 요구됨에 따라 모니터링위원회의 필요성이 대두되었다. 기존에 운영하고 있던 민관합동협의회는 복구·복원 관련 자문기구로서 환경영향평가 협의내용의 적정 이행여부를 조사·확인하는 역할 수행에는 한계가 있으므로 협의내용 및 복구계획의 적정이행 여부에 대한 객관적이고 공정한 감시를 도모할 수 있는 모니터링위원회 구성 및 운영이 필요하였다.

이에 관련분야의 추천을 받아서 관계기관(2), 지역주민(1), 시민단체(2) 및 전문가(7) 등 12인으로 위원회가 구성되었으며, 현재는 총 13인으로 위원회가 운영되고 있다. 광산모니터링위원회는 원주지방환경청 주관으로 운영되고 있으며, 2006년에 시작되어 현재까지 진행되고 있다.

[표 7-3] 광산모니터링위원회 구성

구분	구성 인원
전문가	강원대학교, 대구대학교, 호남대학교, 상지대학교, 산림기술사
NGO	녹색연합, 백두대간보전시민연대
지역주민	지역주민
정부기관	동부지방산림청, 원주지방환경청

광산모니터링위원회에서 논의 되었던 주요 내용은 다음과 같다.

▶ 기본구상

- **기본원칙**
  - 광산복구 보완계획(안)을 생태·경관적 측면에서 자연친화적인 지형을 유지할 수 있도록 지속적인 검토 및 다양한 대안을 마련하여 수정·보완해 나가도록 함
  - 광산개발 기간이 장기간임을 고려하여, 중장기 복구계획의 어느 특정 대안 결정은 충분한 시간을 가지고 논의와 검토 후 최적안 선정

- 계획은 안정성을 최우선으로 하며, 주변지형과 조화로운 복구가 이루어질 수 있도록 진행
- 시험시공 모니터링의 결과에 따라 선구수종을 단계적으로 간벌한 후 목표종을 성장시켜 보호지역에서의 생태복구·복원의 대표사례가 될 수 있도록 진행
- 제2차 백두대간보호 기본계획(2016~2025년, 산림청)과 연계한 광산 생태복원이 이루어지도록 함

- **개발 및 복구 방향**
  - 생태복구 기본계획(2014)에 의거 상부를 우선적으로 개발하며, 현재의 급경사를 완만한 경사로 유지하여 안전을 확보한 상태에서 복구 작업을 수행
  - 백두대간인접지역은 원지형과 유사한 복구의 원칙을 수립하고, 이를 수행하기 위해서 지형복구에 필요한 폐석량 예측
  - 백두대간인접지역 상부는 채광과 복구가 병행 가능한 계단식 복구 방법이 적합

▶ 복구계획 수립

- **계획의 범위**
  - 계획의 범위는 광산 전체 면적(약 250ha)이며, 복구방법은 채광작업과 병행하여 4단계에 걸쳐 시행
  - 기본계획 갱신 및 보완과 관련하여 기후변화 등으로 인한 자연재해를 대비한 복구계획을 추가적으로 논의

- **계획 검토**
  - 채광 완료 후 노출될 잔벽 등에 대한 복구녹화 계획 수립
  - 핵심구역은 원지형과 유사한 형태로 하되, 주변지형과 자연스럽게 조화될 수 있도록 지형을 조성하는 방안으로 복구설계

- **지형 및 식생**
  - 산림청에서 산림복구 수종을 제시한 것은 가이드라인 성격이므로 표고, 바람 등을 고려하여 적정 수종을 선정
  - 잔벽면 계단부에서는 차량의 이동을 고려하여 3m 정도의 관리도로를 계획하고, 나머지 2m 구간에 소단부와 동일한 방법으로 복토 후 식재계획 수립
  - 소단부의 식재 공간은 잔벽면 쪽으로 붙여서 조성하는 방안 검토

- **식물 선정**
  - 차기 복구계획 보완 시 식생분야의 다양한 전문가 그룹의 자문을 받아 적용 수종의 추가적인 반영 검토
  - 국내에는 호석회 식물 관련 자료가 부족하므로, 전문가의 의견을 반영하여 식생 도입을 검토

- **설계 감리**
  - 광산복구 기본계획 완료 후 설계 과정에서 최고 수준의 전문가(산림기술사 등)에게 설계 감리를 받도록 함

▶ 시험시공

- **시험시공 실시**
  - 설계의 현장 적용성 검증을 위하여 시험시공을 통하여 최적의 결과를 도출
  - 시공 방법, 식재 시기, 식재목의 사후관리 등 제시된 의견에 대한 현실적 대안 검토
  - 잔벽면 소단상 식재 배치시 경관을 고려하여 수종의 비율(침엽수 : 활엽수 = 1 : 1)을 조정
  - 기 시험시공지역에서 추가로 수행하고 있는 물오리나무 간벌 시험 등 사후관리에 대해 지속적인 모니터링 수행
  - 식재 공법에 대한 관련자료 공유 등을 통해 보다 실효적인 식생복구 방안 마련

    ※ 네일포트(일본 사례), 시드스프레이(공사비, 생육상태) 등

- **유지관리**
  - 시험시공지 및 기존 복구지에 대한 적절한 유지관리방안 수립 및 매뉴얼 제작
  - 시험시공은 현장에 부합되는 기술로 함축하여 적용
  - 채광완료지역에 대하여 추가적인 시험시공을 통하여 현실적인 복구계획의 현장 적용성 검증

▶ 사방 및 수리·수문분야

- **배수 계획**
  - 복구공사시 배수시설은 집중호우를 대비하여 적정 규모로 시공
  - 복구설계시 확률강우빈도를 20년에서 100년으로 상향조정하여 집중 호우에 대한 대비책 마련 및 사면 안정성 검토(필요시 확률강우빈도는 200년 빈도로 분석)

- **사방기술**
  - 시험시공지 배수시설 및 산돌쌓기 공정 작업시 산림청 기술지도, 산림 및 사방전문가 자문을 받아 시공
  - 추가적인 사방댐, 토사유출 방지대책 및 복구계획 검토
  - 사방 및 수리수문에 대한 보다 구체적인 내용 검토
  - 사방(방재)시설을 임시시설과 항구시설로 구분하여 검토

▶ 지형안정성 및 식생기반 조성

- **지형복원 계획**
  - 백두대간인접지역을 원지형과 유사하게 복구하는 방안 검토
  - 복구에 필요한 토공 물량과 산출근거 제시
  - 잔벽면 및 토양기반 조성시 현지여건에 맞는 계획 수립
  - 단계별 복구계획 수립에 있어서 토량 및 폐석이동 현황과 계획 검토
  - 복토지역과 폐석충전지역 사이에서 토양 세립자가 하부로 유실되지 않도록 함

- **안정성 확보**
  - 복구계획 갱신 시 절·성토 지역의 지형변화에 대한 예측을 하여 사면 안정성을 확보
  - 복구 대안별로 지형변화 및 성토량에 대한 재검토를 통하여 식생기반 조성 방안 수립
  - 폐석의 중앙지역 적치와 관련한 안정성 문제 검토

▶ 식생복구

- **계획의 검토**
  - 채광이 완료된 직후 식생복구가 진행될 수 있도록 채광 및 식생복구계획을 일치

- **복구 식생**
  - 기후변화를 고려하여 탄소저감기능을 가진 수종의 적용 검토
  - 녹화작업시 외래종 사용보다는 국산종 또는 현지 채취 종자를 가급적 활용
  - 수목의 활착율을 높이기 위해 용기묘의 적용 및 묘목의 확보방안 고려
  - 시험시공에서 비술나무, 거제수나무, 물박달나무 등 선구수종의 적용 검토
  - 호석회 식물에 대한 자료 보완 및 활용성 검토
  - 측백나무, 회양목에 대하여 지형이나 기상에 대한 적응성 검토와 활엽수의 선정 등에 대한 자문 수행
  - 인근지역에서 서식하는 자생종을 일부 도입하고 있는 것은 바람직함

- 복구계획 보완 시 장기적인 차원에서 자생종 도입 및 유전자 분석 등의 검토
- 표고차에 따른 현지 적응에 문제가 발생할 수 있으므로 이에 대한 대책 검토

- **표토 활용**
  - 복구지에 표토를 재활용할 계획이나, 석회암 지대의 토양 특성이 알칼리성이므로 소나무의 적합성 검토

▶ 야생동식물 관리

- **자료 관리**
  - 야생식물 이식장의 적극적인 관리를 통하여 희귀종의 이식 및 증식
  - 이식수종의 원채취 지역 좌표 관리
  - 광산의 복구와 야생동물 서식지 복구에 대한 관계 정립

- **피해 대책**
  - 이식장 조성 및 운영시 멧돼지에 의한 피해방지대책 마련

- **야생동물 서식지 복원**
  - 원주지방환경청과 생물종다양성을 위한 노력의 일환으로 협약 체결 및 추진하고 있는 멸종위기 종 복원사업은 모범적인 사례임
  - 훼손지 복구 시 야생동물의 먹이원이 될 수 있는 식물(기린초, 엉겅퀴) 식재 등으로 멸종위기 야생생물 등의 서식지 복원 추진
  - 야생동물 활동을 위하여 복구 완경사지에 코이어네트 보다는 볏짚을 이용한 거적 덮기 방법 검토
  - 복원사업을 확대하고 지속적으로 수행하는 것이 바람직하며, 원앙 및 소쩍새 서식지복원을 위한 조사 및 모니터링 수행

▶ 하천 생태

- **기본계획**
  - 하천 복구에 대한 기본계획 수립 필요
  - 하천생태계 조사 및 모니터링 결과 본 사업이 하천생태계에 미치는 영향은 거의 없는 것으로 사료되나 지속적인 모니터링을 수행하도록 함
  - 하천생물상 조사시 실질적 생태계 모니터링이 될 수 있도록 하며, 하천생태조사 보고서는 일정한 주기로(3 또는 5년) 분석 및 정리

- 수질 및 소음·진동 등 지역주민의 민원이 발생하지 않도록 만전을 기하여야 함

- **생태조사**
  - 하천생태조사 보고서에 일부 용어의 수정 필요(예 : 육수동물상 → 육수 생물상)
  - 남양천의 침전지 관리 및 우기시 우려되는 피해방지대책 마련
  - 하천생태계에 영향을 유발할 수 있는 항목은 탁류와 비산먼지라고 볼 수 있으며, 지속적인 모니터링을 통해 저감방안을 검토(살수주기, 침사지 등)
  - 조사 지점과 시기별로 차이가 있는 이유 및 이에 대한 대책 수립 필요
  - 하천 조사시에 기상상태를 고려하여 차수별로 일시, 지점, 방법을 가능하면 통일하고, 생물종명을 정확하게 기재

▶ 모니터링

- **계획 검토**
  - 복구계획은 식생위주의 복구보다는 야생동물과 식생을 연계하는 계획을 반영하여 수행
  - 차기 복구계획 보완 시 현재 적용한 식생과 주변지역으로 확대한 동물상의 모니터링 결과를 연계하여 검토

- **모니터링 수행**
  - 사업 지역과 석병산 주변의 동물 이동경로, 개체수의 파악 등 동물상 조사 및 모니터링을 지속적으로 수행
  - 사업장 인근 및 주변지역으로 동물상의 모니터링 확대 필요
  - 모니터링용 무인 센서카메라 추가 설치
  - 멸종위기종(산양 등)의 조사 및 모니터링 포함

4) 산림복구협의회

2013년 7월에 실시한 광산연장허가에 따른 중앙산리관리위원회 심의시 "산림복구협의회" 구성 의견이 제시되었으며, 이에 따라 2013년 12월에 산림복구협의회 구성 및 운영 계획이 검토되었다. 이를 근거로 2014년 2월에 전문 분야별로 2인씩의 위원을 추천받아서 4월 11일에 제1차 산림복구협의회가 개최되었으며, 지금까지 연 2회씩 진행되고 있다.

산림복구협의회는 운영규정 제2조(구성취지)에 제시된 바와 같이 "회사의 석회석광산 개발로 인하여 발생한 지역의 복구를 시행함에 있어 학계 및 협회 등 전문가들의 복구와 관련

된 전문지식을 활용하여 현장실사, 사례연구 및 정보교류를 통하여 기술적 노하우와 실용적 대안을 찾아 보다 더 환경친화적이고 생태적으로 지속 가능한 산림복구 모델이 될 수 있도록 하기 위함"을 목적으로 하고 있다.

[표 7-4] 산림복구협의회 구성

구분	구성 인원
한국산림공학회	강원대학교, 서울대학교
한국산지보전협회	한국산지보전협회 2명
사방협회	사방협회 2명
한국산림기술사회	산림기술사 2명

산림복구협의회에서 논의되었던 주요 내용은 다음과 같다.

▶ 기본구상

- **기본원칙**
  - 광산복구 기본계획(2014)에 따라 백두대간인접지역을 우선 개발하고 복구를 병행 추진
  - 지역을 상부, 중부, 하부로 나누고 경관복원 측면을 같이 고려하여 상부부터 순차적으로 복구

- **폐석의 활용**
  - 광산복구 시 지형복원을 위하여 폐석을 적절히 활용
  - 과도한 양의 폐석 충전은 불안정성을 초래할 우려가 있음

- **잔벽면 등의 적용기준**
  - 소단 적용기준은 일률적으로 하지 말고 암질이나 여건에 맞추어서 약간 변형해서 적용

- **안전을 고려한 시행**
  - 전체적인 복구공사는 계획대로 시행되고 있으며, 안전을 최우선으로 하는 공사가 되도록 관리

▶ 지형복원 및 토양 복원

- **구조물 설치 및 관리**
  - 복구설계 기준은 잔벽 높이 15미터마다 꼭 소단을 두는 것이 아니라 15미터 이하로 소단을 설치하여야 한다는 취지임(이 현장은 복구설계 기준보다 더욱 강화되어 있음)
  - 사면 다짐처리 작업으로 토양의 유실방지
  - 격자블럭 구조물 내부 세굴구간의 보완

- **복구 토양 확보 및 토양 개량**
  - 복구계획 수립에 있어서 복토를 위한 표토의 수급계획을 수립
  - 토양개량에 축분, 복합비료 등의 활용가능성 검토(생톱밥은 부숙이 잘 안되며, 퇴비는 식재할 때 적용)

- **소단상 복토 기준을 상향 조정**
  - 복구에 필요한 토양 확보를 위한 현실적 방안 마련
  - 현재 토양시험은 다양하게 진행하고 있으며, 향후 톱밥을 이용한 토양시험 사례분석 및 적용가능 여부 검토

- **안정대책**
  - 최근 경주, 포항지역 지진으로 피해가 발생하고 있는바, 향후 지진을 대비한 대책을 추가적으로 논의

▶ 배수계획

- **적용 기준**
  - 비탈면 배수시설에 대한 계획 검토, 배수 계획시 100년 빈도의 기준 적용
  - 배수계획에서 중앙 계곡부에 사방댐 등의 시설 검토
  - 수계복구계획 검토시 충분한 여유기준 적용

- **배수 및 침식관리 대책**
  - 폭우시 발생할 수 있는 복구지의 침식 등에 대한 검토
  - 시방공법 기준에 따라 현장의 복구설계시 가급적 물을 분산해서 처리하는 방법 적용
  - 상부 보강지역 하단부 종배수로 추가 설치
  - 소단부는 우회수로를 이용하여 우수를 분산토록 하는 조치

▶ 식생복원

- **식생의 조기 활착 유도**
  - 우기, 동절기 대비 식생의 조기피복 필요

- **식생복원 설계**
  - 산지관리법상 복구설계기준을 바탕으로 현장의 특수성을 고려한 산림생태 복구 매뉴얼 또는 지침 마련 필요
  - 식재 방법 적용시 균일한 배치보다는 군락으로 식재하는 방안 검토
  - 수목의 식재는 이상적인 개념의 적용보다는 현실적으로 같은 종을 모아서 심는 군락 식재가 바람직함

- **식생복원 적용 방법**
  - 외래종 사용보다는 자생종 또는 현지에서 채취한 종자를 가급적 활용
  - 식생활착을 위한 비토 등의 관리방법 제시
  - 참나무류와 소나무 등의 혼식과 국산종자의 파종계획 수립
  - 초본류 활착률 저조에 따른 대책 강구
  - 추가적인 종자뿜어붙이기 및 줄파종 공법 적용 시행
  - 주변 임상내 초본류의 새심기공법 도입
  - 식재수목 현장반입시 용기묘 상태로 반입하며, 수목생장을 고려하여 가을철에 식재
  - 다양한 보조수단(생물공학적 방법, 생육기반재 도입 등)에 대한 시험시공 및 도입 방안 강구

▶ 모니터링

- **적용 기준**
  - 복구지에 대한 모니터링은 백두대간보호구역임을 고려하여 실시함
  - 산림생태 모니터링을 지속적으로 실시하도록 하며, 현장 여건에 적합한 방법을 적용
    ※ 고정조사점, 동일시기, 자료관리 등

- **복구변화 경향 분석**
  - 국내 임도 주변 녹화사례 연구결과 1, 3, 5, 7, 15년이 경과함에 따라 일정단계에서 복구상태가 크게 변하는 사례가 있으므로 이들 자료와 비교 검토

- **사후관리 방법**
  - 기 시험시공지역에서 추가로 수행하고 있는 물오리나무 간벌 등 사후관리에 대해 지속적인 모니터링 수행
  - 동물상 조사 및 모니터링을 지속적으로 수행하고, 필요시 무인센서카메라 추가 설치
  - 동절기 이후 모니터링을 추가로 진행

- **생태계교란종에 대한 대책**
  - 일부구역에서 조사된 생태계 교란식물인 미국쑥부쟁이의 침입경로 조사 및 처리 방안 등 검토
  - 외래종과 귀화종 등을 파악하기 위하여 시공지 내부, 주변산림, 도로 등도 광범위하게 조사

▶ 기타

- **멸종위기종 서식지 복원사업**
  - 현재 추진 중인 멸종위기종 복원사업과 연계하여 붉은점모시나비의 먹이원(기린초, 엉겅퀴 등) 추가 식재 필요
  - 복구지는 침식이나 붕괴의 우려가 없는 곳이므로, 보식 등의 유지관리 방안 검토

- **사후관리 계획을 수립하고 주기적으로 관리 시행**
  - 복구지의 사후관리 사항으로 필요시기까지 시비작업과 간벌작업 시행
  - 식재 수목 하자는 현장 여건에 맞지 않아서 발생하므로 시공관리 철저
  - 소나무 고사목에 대하여는 교체 및 소단부 대묘 식재 보완

- **복구매뉴얼 수립**
  - 매뉴얼은 구체적인 내용으로 작성하고, 위원들에게 검토 받도록 함

석회석광산의 생태적 복원

8. 지역과의 상생

대규모 광산개발은 지역 경제 및 주민 생활에 직간접적으로 영향을 주게 된다. 광산개발은 수십년 이상이 지속되는 장기적인 사업이기 때문에 광산의 운영과 지역 경제는 밀접한 관계를 맺게 된다. 광산 운영이 주변에 미치는 사회경제적인 영향을 해결하기 위해서는 지역주민과 함께하는 것이 매우 중요하다. 전세계적으로도 생태복원 과정에 많은 사람이 참여하고, 감시하는 증인 역할을 하는 것을 권장하고 있다. 특히 어린 학생들이 참여하는 것은 환경에 관심을 갖도록 좋은 계기가 되며, 자연과 사람이 환경이라는 공동체 속에서 함께 살아간다는 의식을 갖게 하는 장점이 있다. 이를 위해서 광산을 개발하고 운영하는 기업은 주변 자연환경의 보전 및 복원에 지역주민이 참여할 수 있는 기회를 적극적으로 제공하는 등의 상생 노력이 반드시 필요하다.

08

지역과의 상생

1) 지역주민과의 공생

대규모 개발사업은 주변 환경에 영향을 미치게 되고, 지역 경제 및 주민 생활에 직간접적으로 영향을 주게 된다. 광산 개발은 계획단계에서부터 광산의 운영, 그리고 개발이 종료된 이후까지 고려한다면 수십년이 걸리는 매우 장기적인 사업이기 때문에 광산의 운영과 지역 경제는 뗄 수 없는 관계를 맺게 된다.

광산운영이 주변에 미치는 영향을 해결하기 위하여, 지역주민과 함께하는 것이 매우 중요하다. 많은 지침이나 자료에서도 광산 운영을 하기 위해서는 지역주민과의 관계를 잘 맺어야 한다는 내용을 언급을 하고 있으며, 이들이 바로 광산개발에 영향을 미치고 있는 외부의 핵심 이해관계자인 것이다.

전세계적으로도 생태복원 과정에 많은 사람이 참여하고, 또 그들이 생태복원 과정을 지켜보는 증인이 되도록 하는 것을 권장하고 있다. 특히 어린 학생들이 참여하는 것은 환경에 관심을 갖도록 좋은 계기가 되며, 자연과 사람이 같은 생태계내에서 공존해야 한다는 인식을 갖도록 한다.

이를 위해서 광산을 개발하는 회사는 자연환경의 보전 및 복원 과정에 지역주민이 참여할 수 있도록 하는 상생의 노력이 반드시 필요하다. 또한 광산개발로 직간접적으로 영향을 받고 있는 지역주민에게 개발 이익을 환원할 수 있는 방안도 함께 모색하여야 한다.

국내에서도 광산개발에 따른 인허가 과정, 그리고 광산 운영 중에서도 주민설명회 등을 통하여 지역과 꾸준히 소통하고 있는 사례가 많이 있다. 이러한 관계 설정은 당장의 광산 운영을 어렵게 하는 장애 요소로 볼 수도 있지만, 장기적인 측면에서 이해관계자(특히 지역주민)들과 우호적인 관계를 정립하는 것이 경영에 실질적인 이익이 된다는 것을 이해하는 것이 중요하다.

2) 환경경영

한라시멘트(주)에서는 환경경영 프로그램을 광산의 생태복원 사업과 연계하여 추진하고 있다. 이 프로그램은 "민간기업과 환경단체의 협력을 통한 상생의 기회 제공", "백두대간 보전을 위한 미래지향적이고 현실적인 모델 개발", "기업의 사회적 책임(CSR) 실현과 공유가치 창출(CSV)의 토대 마련"을 목표로 추진되고 있다.

환경경영 프로그램은 공익환경, 사회공헌, 지속가능발전 프로그램으로 구성되어 있으며, 이중 공익환경 프로그램으로는 ECO-백두대간2+ 운동, 국민참여형 숲 가꾸기사업, 야생동물 보호(1사 1멸종위기종 복원사업) 등이 있다. 또한 회사에서는 지역사회 공헌도 지속적으로 진행하고 있는데, 사랑의 집짓기(habitat) 운동, 지역발전기금 출연, 장학재단 설립 운영, 문화회관 운영(목욕탕, 헬스장, 에어로빅장), 옥계 전통 5일장 활성화(와인과 막걸리의 만남) 등으로 지역사회와 밀접한 관계를 맺고 있다.

[그림 8-1] 회사에서 진행하고 있는 환경경영 프로그램

환경경영 프로그램 중 광산 주변의 자연생태 보전 및 복원과 연관된 활동으로 진행되고 있는 것이 생태숲 조성 및 숲가꾸기 운동이다. 이 프로그램의 일환으로 2004년부터 숲 가꾸기 활동도 함께하고 있다. 이 사업은 공공기관 또는 국가에서 숲을 이용하는데 필요한 기술과 시설 등을 제공하고 회사는 숲에 대한 자발적 보호관리 역할을 담당하는 형식의 국민참여형 산림생태복원사업으로 지난 2004년 정선권역을 시작으로 강릉권역, 삼척권역에 지금까지 약 880,000m² 면적의 숲 가꾸기 및 산림정화 활동을 추진하고 있다.

[그림 8-2] 생태숲 조성 및 숲 가꾸기 운동

이러한 환경경영 프로그램과 관련하여 2018년 6월에는 원주지방환경청, 강원도 자연환경연구공원, 한라시멘트 간 석회석광산의 생태계 회복을 위한 “멸종위기종 복원 3자협약”을 체결함으로써 보다 장기적인 관점에서 사업 계획을 수립하고 시행할 수 있게 되었다.

회사는 생태복원사업 추진에 있어 기업 단독으로 추진하는 형태보다는 민관이 함께 참여하는 형태의 프로그램을 지향하고 있다. 대표적인 사례로 2017년 9월, 동부지방산림청과 체결한 ‘기업참여 도시숲 조성사업을 위한 업무협약’을 들 수 있으며, 본 협약은 공공기관이 토지를 제공하고 회사는 도시숲을 조성하는 형식의 민관 공동투자 모델로서 산림청에서 부지를 제공하고 회사가 도시숲 조성을 담당하게 될 것이다.

[그림 8-3] 다양한 생태환경 체험교육에 참여한 청소년들

참여자가 공동으로 사업계획을 수립하고 해당 산림 지역을 개발해 숲 가꾸기, 교육·휴양·문화행사 및 홍보 등의 목적으로 시민들에게 개방하게 되는데, 여기에는 어린 나무 간벌, 가지치기, 풀·잡목·덩굴류 제거, 고형복합비료 주기, 식재 등의 프로그램이 포함된다.

지역주민과 함께하는 환경활동에는 유소년층이 참여하는 것이 바람직하다. 미래 세대의 주역이 될 학생들에게 이러한 프로그램에 직접 참여하도록 함으로써 환경의 중요성을 일깨워 주는 활동이다. 회사에서는 청소년을 대상으로 하는 생태·환경 체험학습 프로그램으로 2004년부터 초·중·고등학교 학생 약 23,000명(총 458회)을 대상으로 다양한 체험활동을 실시하고 있다.

회사의 특성을 활용하여 지역주민의 삶의 터를 만들어주는 일에도 참여하고 있다. 회사는 한국해비타트의 "희망의 집짓기 운동"에 국내 건축자재업계 최초로 1998년부터 후원하고 있으며, 주택건설에 필요한 시멘트 전량 무상지원과 임직원의 자원봉사에 참여하고 있다. 또한 지역사회 공헌활동으로 장학재단 운영, 사랑의 집수리 운동, 1사 1문화재 지킴이 활동, 문화복지센터 운영, 지역발전기금 출연, 농산물 팔아주기 행사 등 다양한 활동을 전개하고 있다.

[그림 8-4] 희망의 집짓기 운동

3) 생태복원에 참여

생태복원 과정은 많은 사람의 손길이 필요하다. 현장에서 이루어지고 있는 광산개발 및 복원에 대한 기술적인 분야는 관련 전문가들이 참여하게 된다. 그러나 전문적인 분야 외에도 생태복원을 위하여 필요한 많은 인력의 지원, 생태복원이 달성되어 가는 과정을 모니터링하고 평가하는 데에는 지역주민의 참여가 필요하다.

생태복원에 지역주민과 이해관계자가 참여하는 첫 단계는 주변 자연환경의 훼손 여부에 대한 감시의 역할이 될 것이다. 두 번째 단계는 복원과정에 직접 참여하여 종자를 뿌리고 나무를 심는 단계로 이어지며, 세 번째 단계는 사후관리에 참여하는 것으로 연결되는 것이 바람직하다.

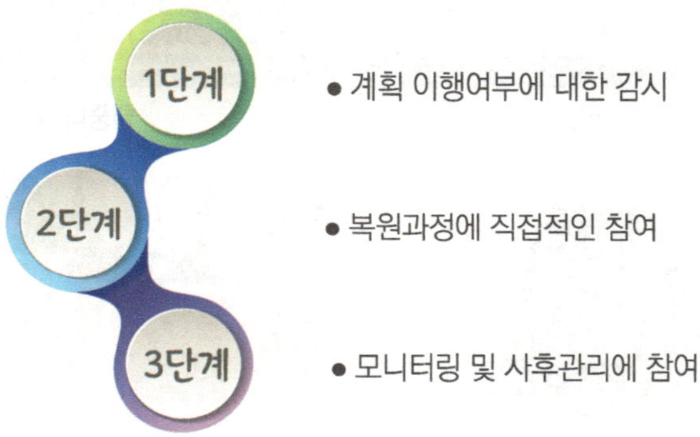

[그림 8-5] 지역주민의 단계별 참여

또한 이보다 적극적인 참여 방법으로는 생태복원에 필요한 여러 가지 자원들을 회사와 같이 직접 만들어내는 것이다. 과거에는 단순히 기업의 사회적 책임(CSR) 차원에서 이익을 지역에 환원하였다면, 이제는 공유가치 창출(CSV)의 측면에서 회사의 보다 적극적인 참여가 필요하다. 여기에는 종자 채종 및 관리, 묘목 생산 등을 들 수 있다. 지역주민이 복원에 필요한 식물소재를 직접 생산한다거나 퇴비를 생산하는 일에 참여할 수 있으며, 회사는 식물생산에 대한 위탁계약재배를 통해서 지역 소득 창출에 기여할 수 있다.

이 현장은 훼손 예정지에서 미리 채취한 이 지역의 고유 식물종을 이식장에서 관리하고 있으며, 오랜 시행착오 과정을 거치면서 대량증식이 가능한 식물종을 선발하고 있다. 이중 대표적인 것으로 솔나리, 털중나리, 만리화를 복원사업지에 적용하기 위하여 지역에 위탁재배를 실시하고 있다. 또한 광산 주변의 대표식생인 신갈나무, 굴참나무의 현장 적용을 위하여 매년 도토리를 수거하여 보관하고 있으며, 이를 생태복원 현장에 일부 적용하고 있다.

이러한 프로세스는 기업의 사회적 책임으로 이익을 환원하는 차원을 넘어서, 기업의 경영활동에 복원 과정을 포함시키고, 이 일환으로서 지역에 위탁재배를 통해서 복원에 필요한 자원을 확보하는 상생의 모델이라고 할 수 있다.

실내 묘포장

만리화

솔나리

털중나리

현지에서 채종한 도토리

1차 건조 상태

현장 식재 과정

종자 파종

만리화 식재지

관수 작업

[그림 8-6] 생태복원에 활용할 식물자원을 지역에 위탁 생산하여 현장에 적용하고 있는 사례

기업의 사회적 책임(CSR)과 공유가치 창출(CSV)

CSR(Coporate Social Responsibility, 기업의 사회적 책임)은 기업 활동에 의해 영향을 받거나 영향을 주는 직·간접적 이해관계자들에 대하여 기업이 올린 수익의 일부를 사회에 환원하는 것이라고 할 수 있다. 여기에는 생태계, 생물다양성의 보전을 위한 기부, 지역사회에서 생산된 농림수산물 등을 구매, 사회 취약계층을 위한 지원 등이 있다. 사례로는 진천 자연휴양림 "미르숲" 조성, 지리산 반달가슴곰 및 철원 두루미서식지 복원사업 등이 있다.

CSV(Creating Shared Value, 공유가치 창출)는 기업이 사회의 요구를 들어주고 문제를 해결해서 경제적 가치와 사회적 가치를 동시에 창출하고자 하는 것이다. CSV는 기업이 가진 자원과 전문성, 발상의 전환을 통해 사회적 가치를 창출하고 이를 통해 기업의 성장을 도모하는 방법이다. 여기에는 지역사회나 공동체 등이 필요한 경제적·환경적 수요를 파악, 생물다양성 복원이나 물품·서비스를 생산하고 유통하는 설비 등에 투자하는 것이 있다. 대표적인 사례로는 시흥 호조벌, 갯골 생태자원 복원, 국립공원주변 생태자원 활용 및 지역경제 활성화 사업 등이 있다.

기업의 이익을 사회에 환원하는 소극적 가치 창출 형태의 CSR과 달리, CSV는 초기부터 사회와 함께 공유할 수 있는 가치를 창출하는 것을 기업 본연의 책무로 설정한다. 이러한 기업의 공익적· 사회적 가치 창출 활동은 미래에는 그 기업의 경쟁력이 될 것이다.

대규모 광산개발과 관련된 기업에서는 자연환경복원에 좀 더 관심을 기울일 필요가 있으며, 백두대간 훼손지 복원, 탄소발자국 지우기 숲조성, 생태복원 과정에 필요한 자원의 확보 및 관리 등과 같은 공익적 분야에 적극 참여하는 것이 상생의 길이 될 것이다.

※ 자료 : 자연환경국민신탁 홈페이지(http://www.trust.or.kr)

9. 미래세대에 남겨줄 과제

생태복원을 한다는 것은 예전의 상황으로 되돌리기 위한 '과거 지향적인 일'이지만, 앞으로 변화될 내일을 대비하여 자연환경을 조성해나가는 '미래 지향적인 일'이기도 하다. 자연환경의 훼손에는 매우 다양한 원인이 있는데 각종 자연재해로 인한 훼손보다는 인간의 행위에 따른 영향이 훨씬 크다. 그렇기 때문에 훼손 행위를 더 이상 하지 않는 것이 복원을 위한 첫 단계라고 할 수 있다. 복원의 과정은 시간이 필요하기 때문에 지금 시점에서 복원을 한다고 해도 그 결과는 미래세대에서나 알 수 있을 것이다. 또한 지금 최선의 논리와 방법으로 복원사업을 시행하여도 미래에서 본다면 또 다른 훼손행위였다고 평가될 수도 있는 것이다. 따라서 우리는 현재 할 수 있는 최적의 방법을 통해서 복원 사업을 시행함으로서 자연 스스로의 회복력(resilience)을 높여주는 것이 미래세대를 위한 우리의 책임을 다하는 일이 될 것이다.

09

미래세대에 남겨줄 과제

광산과 같이 자연자원을 개발하는 행위는 현재의 시점에서는 필요불가피한 것으로 생각할 수는 있다. 그러나 자연자원을 아무리 최소한으로 사용한다고 해도 결국 자연을 이용하는 행위는 생태계를 변화시키는 일이며, 현세대가 만들어 놓은 크고 작은 일들이 모여서 미래세대에게는 큰 짐을 지우는 일이 될 것이다.

최근 생태계를 보전하고 복원하려는 움직임이 활발하게 일어나고 있다. 생태계가 파괴되고 생물종이 사라지면서 나타나는 문제와 그 결과를 우리는 생생하게 목격하고 있다. 생태계 균형의 파괴는 결국 인간에게 커다란 위협으로 다가올 뿐만 아니라 다시 복원을 하는 데 엄청난 시간과 돈이 들어간다는 사실을 알아야 한다.

생태복원이란 생물이나 생물이 살아가는 곳을 훼손되기 이전의 상태로 되돌리는 것을 의미한다. 즉, 그 지역에 살고 있는 다양한 동식물이 살아가는 공간을 회복해 균형을 이루면서 살아갈 수 있는 자연환경을 만들어나가는 일이 바로 생태복원이다.

우리가 생물다양성의 가치를 높게 평가하는 것도 미래세대와 공유하여할 자연을 현세대가 무분별하게 사용하지 않도록 하는 의미가 있다. 또한 자연환경의 다양성과 가치를 현 시점에서 완벽하게 복원을 하지 못할 바에는 더 이상 악화가 되지 않고, 미래에 예상되는 사회적 가치나 복원 기술에 의해 제대로 된 방향으로 나아갈 수 있도록 길을 인도해 주어야 한다.

생태복원은 단지 몇 십년간의 노력만으로 완벽하게 달성할 수는 없다. 한번 훼손된 자연은 스스로 복원력을 가지고 있다고는 하지만 그렇게 쉽게, 그리고 훼손되기 이전의 상태로 되돌아가는 것은 불가능할 지도 모른다. 또한 현재 우리가 설정한 복원의 목표가 제대로 된 것인지에 대한 것도 지금 쉽게 결론을 내릴 수는 없다.

최근 강원도 지역에서 발생한 대규모 산불과 같이 한번 훼손된 산림이 회복되기까지 얼마나 시간이 필요할지 예측하기는 어렵다. 또한 적극적으로 조림을 통해 숲을 복원할 것인지, 아니면 자연 스스로의 회복에 의존하면서 시간을 두고 기다리는 것이 바람직한 것인지에 대한 의견도 너무 다양하다. 따라서 현재의 과학적 지식, 사회적 합의에 따라서 훼손이 더 이상 가속화되지 않도록 하고 바람직한 방향으로 갈 수 있도록 유도해주는 것이 현시점을 사는 우리들의 몫이라고 하겠다.

이제 시각을 넓혀서 생태복원의 미래에 대해 검토해볼 필요가 있다. 생태복원은 생태공학,

생태복원학 등으로 언급이 되지만 기술적인 완성도에 대해서는 해석이 엇갈리고 있다. 자연환경은 다양성, 완충성, 가변성 등의 특징을 가지고 있기 때문에 기술이나 자본의 투입 대비 효과가 명확하지 않을 수 있다. 또한 기술의 효용성 측면에서 볼 때에도 복원의 과정과 결과를 명확하게 예측하기 어렵다.

그러나 생태복원 분야는 자연 속에서 살아가는 우리에게는 거스를 수 없는 사회적 요구이며, 자연친화적인 생태복원 기술은 자연 생태계의 복잡성을 이해해야 하기 때문에 다양한 분야의 융합을 통해서 발전될 가능성이 높다.

최근 영국의 컨설팅업체 미래연구소(The Future Laboratory)와 미국의 마이크로스프트 연구팀이 공동으로 발표한 '10년 뒤 등장할 미래 직업 보고서[7]'에서는 '생태복원전략가(Rewilding Strategist)'를 그 중의 하나로 제시하고 있다.

생태계란 상호작용하는 유기체들과 또 그들과 서로 영향을 주고받는 주변의 무생물 환경을 한데 모아서 부르는 말이다. 생태계의 파괴로 전 지구적으로는 환경오염, 동식물의 멸종, 북극의 빙하가 없어지는 등의 큰 지구적 재앙이 나타나고 있으며, 작게는 광산 개발과 같은 행위로 그 지역의 토양이 교란되면서 식물이 훼손되고 야생동물의 서식지가 줄어드는 일들이 일어나고 있다.

보고서에서는 인구 90억을 바라보게 될 2025년이 되면 자연 생태계는 한계에 다다를 것이라고 예상했다. 90억 인구 시대가 되면 지속가능한 지구를 만들기엔 기존의 자연 보호 전략만으론 부족할 것이며, 이때 필요한 사람이 바로 생태복원전략가[8]라고 말하고 있다.

생태복원전략가는 앞으로 다양한 분야의 전문적인 지식이 필요하다. 식물, 동물, 자연환경, 공학, 미학 등 여러 분야에 대한 지식이 필요하며, 생태계를 대상으로 자연생태와 이를 둘러싼 구조, 사회적인 구조 등을 새롭게 조성하는 일들을 하게 될 것이다.

어떻게 보면 한 사람이 자연환경의 복원과 관련된 모든 분야에 다 전문가가 될 수는 없다. 그 보다는 자연환경 전반에 대한 지식을 보유하고, 필요한 각 분야를 파악하고 이러한 것들을 종합적으로 검토하고 조합할 수 있는 능력이 필요할 것이다.

옥계 석회석광산을 대상으로 20여 년간 수행하고 있는 복원 사업을 통해서 알게 된 것은 생태복원은 정말 어렵다는 것이다. 처음에는 '나무를 심고 가꾸기만 하면 조만간 숲이 복원될 수 있겠구나' 라는 막연한 자신감이 있었다. 물론 그 당시는 복원의 관점보다는 전통적인 복구의 관점에 따라서 보는 것이 일반적이었다. 광산을 바라보는 시각이 조기 안정화 및 복구

---

7) 10년 뒤 등장할 미래직업보고서(2016)
http://enterprise.blob.core.windows.net/whitepapers/futureproof_tomorrows_jobs.pdf

8) 보고서에서 생태복원전략가(Rewilding Strategist)는 생태복원 계획 및 설계 등과 관련된 분야로 한정되어 제시하고 있지만, 생태복원 분야와 관련된 시공, 모니터링, 평가 등을 수행하는 분야로 광범위하게 해석하는 것이 바람직함

의 관점이었기 때문에 기능적, 구조적인 복구가 이 광산의 복원 목표였다. 그렇기 때문에 산림복구 기준에서 요구하는 토양의 양적인 기준, 그리고 그 위에 수목을 식재하고 종자를 파종하면 된다는 식으로 해석하였으며, 이에 맞게 복구사업을 진행하였다.

그러나 그동안 지켜본 결과, 앞으로 이 현장이 어떻게 변해갈지에 대해 예측하기가 어렵다는 사실을 알게 되었다. 복원의 목표를 수립해 놓고 단순히 복원되기 이전의 원식생으로만 되돌리려는 시도는 크게는 전 지구적 기후변화와 작게는 다양한 식물의 이입에 따른 천이, 토양과 식물의 조합, 서식지의 변화 등과 같이 새로운 양상으로 전개가 되고 있는 중이다.

훼손되기 이전의 식생 구조나, 주변에 훼손되지 않은 곳의 식생을 파악하여 참조생태계를 설정하고 그와 유사하게 조성해준다고 해도 자연은 우리가 예상했던 방향대로 그렇게 진행되는 것도 아니기 때문이다.

최근에 복원사업지를 모니터링 하면서 초기에 도입한 식물종이 아닌 다른 식물종이 자연스럽게 들어와서 자리를 잡는 과정을 보면서 이제는 인간의 힘이 아니라 자연의 힘에 의해 회복이 되어간다는 것을 파악하게 되었다. 단일 생태계에서 극상의 상태는 한 가지 상태만 있는 것이 아니라, 현재의 지형이나 토양조건, 그리고 기후 변화에 따라서 여러 개의 극상상태가 존재하며, 각각 그 조건에 맞게 스스로 방향을 정하고 성장해 가는 과정을 보이고 있다.

또한 사람도 원래 태어난 곳에서 다른 곳으로 이동하게 되면 그곳에 적응하는 일정 시간이 필요하듯이, 이곳에서도 큰 나무를 옮겨 심은 것들은 대부분 잘 자라지 못하고, 어린 묘목이나 종자로 도입된 식물종이 훨씬 더 잘 자란다는 것을 알 수 있다. 그리고 여러 가지 식물 중에서 그 환경에 적응하는 식물종이 먼저 자리를 잡아가면서 다른 식물종이 들어올 수 있는 기회를 제한하는 식물간의 경쟁 과정도 같이 지켜보고 있다.

결국 자연 스스로 상처를 치유하고 복원이 될 수 있도록 자연의 회복력(resilience)을 높여주는 것이 바람직할 것이다. 그리고 복원의 과정도 정해진 시간 내에서 계획했던 한두 가지의 방향으로 복원이 되는 기능적이고 효율적인 측면만을 강조할 것이 아니라, 복원되는 과정 중에서 환경적 특성에 맞게 스스로 천이의 방향대로 다양하게 변화될 수 있다는 것을 인식해야 한다.

이 책을 마무리 하면서 생태복원에서 고려하여야 할 4가지의 키워드를 제시해보고자 한다.

▶ 노력

- **생태복원에서는 지형, 수계, 토양의 안정화 및 회복을 고려하여야 하며, 참조생태계를 파악하고 각각의 입지 특성에 맞은 차별적인 방법이 적용되어야 한다. 또한 현지 환경조건에 맞은 모니터링 및 관리가 동반되어야 하므로 맞춤형 기술의 적용과 담당자의 세심한 준비와 노력이 필요하다.**

▶ 시간

- 상처가 난 곳이 회복되는 과정을 보면 그곳이 더 이상 악화되지 않도록 힘을 키우는 준비 시간이 필요하듯이 생태복원에서는 훼손된 곳이 자연적, 인위적 치유가 되면서 스스로 작은 생태계를 이루기 위한 준비 시간이 필요하다. 그리고 이러한 과정을 통해 동식물이 정착하여 자기조직화 상태까지 도달함으로써 온전한 서식지가 조성되기까지는 많은 시간이 필요하다.

▶ 예산

- 생태복원 과정에서 첫 번째 단계는 온전한 생태가 유지될 수 있도록 생물이 살 수 있는 기반을 안정적으로 조성해주는 것이다. 이와 함께 여기에 적용할 수 있는 지역의 자생식물을 미리 준비하고 이를 현장에 맞게 다양하게 적용하여야 하며, 적용 이후 관리가 필요하기 때문에 기존의 일률적인 복구 방식보다는 상대적으로 많은 예산이 필요하다.

▶ 선택

- 생태복원에서는 생물다양성 회복 및 동식물 서식지 조성이 복합적으로 이루어져야 하며, 이는 환경포텐셜과 같이 그 지역의 자연환경이 스스로 천이의 방향을 선택하는 것에 따라 복원의 방향과 성패가 결정된다. 따라서 생태복원 담당자는 자연이 회복될 수 있는 방향에 맞은 최적의 복원 계획 및 방법을 선택하여야 한다.

[그림 9-1] 생태복원의 성패에 영향을 주는 4가지 키워드

생태복원 과정을 20년간의 짧은 기간에 평가하기는 어렵다. 또한 위에서 제시한 '노력', '시간', '예산', '선택'의 4가지 키워드를 토대로 복원 과정을 평가하기에는 시간이 너무 짧다. 그러나 복원사업에 직접 참여해본 이 기간 동안 새롭게 복원의 개념을 정립해나가며, 훼손된 곳에서 자연이 스스로 조금씩 회복해가는 과정을 지켜보면서 대규모 광산의 생태복원 가능성을 조금씩 점쳐보고 있다. 그리고 어느 한 가지만 부족하더라도 결과를 예측하기 어렵기 때문에 모든 것들의 조화가 중요하다는 것을 다시 한 번 인식하게 된다. 또한 이 현장을 리빙랩[9]의 개념을 적용하여 참여를 통한 문제점 해결 및 지식의 공유가 필요하다는 것도 느끼고 있다.

지금은 단지 20년간의 기록이지만 앞으로 30~40년까지도 이어질 생태복원 과정을 지켜보고 그 기록을 남길 것을 약속하면서 이 책을 마무리하고자 한다.

회복력(resilience)

리질리언스(resilience)는 회복력(회복탄력성)이라고 하며, 생태복원 분만 아니라 사회 전반에서 적용할 수 있는 개념이다. 생태복원이 훼손된 생태계를 원래의 상태나 여기에 가깝게 되돌리는 것이라고 한다면, 회복력 향상은 생태계 구성요소의 재구조화를 통해 새로운 균형상태가 되어 본래의 기능을 갖출 수 있도록 도와주는 것으로 볼 수 있다.

최근에는 도시 생태계에 대해서 각종 기후변화나 자연재해에 따른 생태계가 파괴되거나 훼손된 곳에서 예측되거나 혹은 예측되지 않은 피해까지도 견뎌낼 수 있도록 회복력을 높이는 것을 중요하게 여기고 있다. 회복력을 갖춘 도시란, 도시 내의 모든 구성요소들이 적응하고 함께 성장할 수 있는 능력을 갖춘 도시라고 말할 수 있다. 여기에는 유연성(flexibility), 예비능력(redundancy), 견고성(robustness), 융통성(resourcefulness), 반영성(reflective-ness), 포괄성(inclusiveness), 통합성(integrated) 등을 포함한다.

지금까지 생태복원 개념에서는 주로 대상을 자연 생태계로 한정하였으나 회복력의 개념에서는 그 대상을 사회생태시스템(Social-Ecological System)으로 확대하고 있다. 즉, 도시 생태계는 사회시스템과 생태시스템이 밀접한 관계를 맺고 있는 사회생태시스템으로 구성되어 있기 때문에 단편적으로 접근하는 기존 생태복원 방식과는 달리 통합적인 사고를 바탕으로 시스템을 회복시키는 접근방식이 요구되고 있다.

회복력에는 몇 가지 관점이 있다. 공학적 회복력(ecological resilience)에서는 효율성, 일관성, 예측 가능성에 초점을 두고 있으며, 외부 교란에 의해 파괴된 생태계가 언제까지 회복될 수 있는지에 초점을 두었다. 공학적 회복력의 평가에는 회복되는 시간과 효율성이 가장 중요한 척도로 활용되었다.

---

9) 리빙랩(Living Lab)은 '일상 생활의 실험실'이라는 뜻으로 공공, 기업, 시민 등 다양한 사회주체가 참여하여 문제를 해결해나가는 사용자 주도형 혁신플랫폼이다. 따라서 이 현장도 다양한 이해관계자가 참여하여 광산의 생태복원 문제를 해결하기 위한 리빙랩의 개념으로 접근할 필요가 있다.

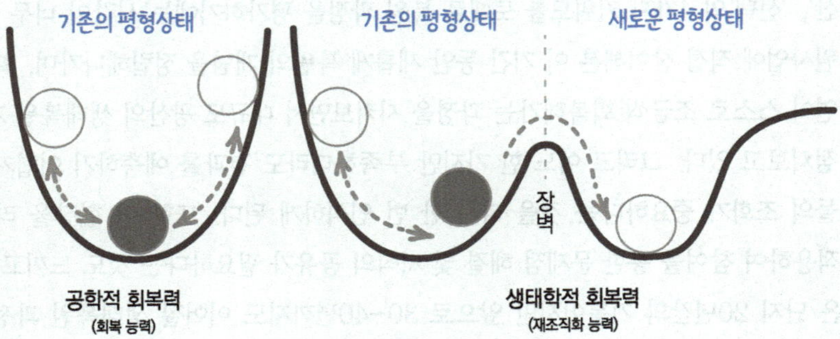

생태적 회복력(ecological resilience)은 지속성, 생태적 천이, 예측 불가능성과 관련된 개념으로, 자연생태가 교란이 되어도 생태계의 자기조직화에 의해 생태계가 유지되는 능력으로 해석되고 있다. 따라서 훼손되기 이전의 균형 상태로 되돌아갈 수 있는 능력이 아니라, 생태계 구성요소의 재구성을 통해 새로운 균형 상태가 되어 본래의 기능을 발휘할 수 있는 능력을 의미한다. 생태복원에서 중요한 요소로 보고 있는 환경포텐셜(입지, 종의 공급, 종간 관계, 천이 포텐셜 등)에 따라서 그 환경조건에 맞는 새로운 균형 상태로 가는 것으로 볼 수 있다.

석회석광산의 생태적 복원

10. 참고 자료

1) 옥계 석회석광산 관련 자료

▶ 보고서 및 학술논문

김경훈, 김학성. 2012. 백두대간에 인접한 석회석 광산의 식생복구 연구(2) -묘목식재 방법에 의한 옥계 광산복구 시험시공 사례-. 한국환경복원기술학회지 15(2):117~126.

김경훈, 주백, 김학성. 2011. 백두대간에 인접한 석회석 광산의 식생복구 연구(1) -종자파종에 의한 옥계 광산복구 시험시공-. 한국환경복원기술학회지 14(4):55~66.

김경훈, 홍준석. 2002. 석회석 광산의 생태적 복원모델 수립 -라파즈한라시멘트 옥계광산을 중심으로-. 환경친화적인 광산개발 및 생태적 복원모델 수립을 위한 세미나:99~139.

김귀곤. 2003. 석회석 광산의 생태복원계획-라파즈한라시멘트 옥계광산을 사례로-. 석회석 광산의 생태복원에 관한 국제 심포지엄:12~13.

라파즈한라시멘트(주), 삼성에버랜드(주), (사)한국환경복원녹화기술학회. 2003. 라파즈한라시멘트 옥계광산 생태복원계획 보고서.

라파즈한라시멘트(주), 일송환경복원(주). 2008~2010. 라파즈한라시멘트 옥계석회석광산 생태복구 시험시공 모니터링 보고서.

라파즈한라시멘트(주), 일송환경복원(주). 2011. 옥계 석회석광산 생태복구 시험시공 모니터링보고서 -5개년간: 2007~2011년-.

라파즈한라시멘트(주). 2000. 석회암 광산개발사업 환경영향평가 보고서.

라파즈한라시멘트(주). 2001. 녹지자연도 및 현존식생 조사보고 보고서.

라파즈한라시멘트(주). 2001. 옥계 석회석 광산개발사업-복원(녹화)계획 보고서.

라파즈한라시멘트(주). 2002. 석회석 광산개발사업-생태계 현장조사 이행계획 보고서.

라파즈한라시멘트(주). 2002. 채광완료부지 복구설계 보고서.

라파즈한라시멘트(주). 2003. 석회석 광산 개발사업에 따른 동, 식물 생태계 전문가 보고서.

라파즈한라시멘트(주). 2003. 석회석 광산개발 및 광산복구 추진계획 보고서.

라파즈한라시멘트(주). 2003. 환경영향평가서 생태조사자료 보고서.

라파즈한라시멘트(주). 2005. 석회석 광산 생태복원 기본설계 보고서.

라파즈한라시멘트(주). 2006. 시험시공 계획 보고서.

라파즈한라시멘트(주). 2007. 석회석광산 개발예정지 보호식물 현황 및 이식 보고서.

라파즈한라시멘트(주). 2012. 강원도 정선군 임계면 가목리 8-2번지 산사면 붕괴 원인조사 및 대책 보고서.

라파즈한라시멘트(주). 2014. 옥계 석회석광산 생태복구 기본계획 보고서.

박용진. 2003. 라파즈한라시멘트 1호광산 채석지 주변지역의 식생 및 토양환경 보고서.

삼성에버랜드(주), 라파즈한라시멘트(주). 2002. 환경친화적인 광산개발 및 생태적 복원모델 수립을 위한 세미나 자료집.

삼성에버랜드(주). 2002. 라파즈한라시멘트 1호 광산 복원계획 수립을 위한 식생 및 토양분석 연구 보고서.

일송환경복원(주), 라파즈한라시멘트(주). 2008. 라파즈한라시멘트 옥계석회석광산 생태복구 -국내외 광산 복구사례-.

최병진, 임형탁. 2005. 석회석광산 개발사업에 따른 동·식물 생태계조사 및 모니터링. 2차년도 최종보고. 라파즈한라시멘트(주).

하나임업기술사사무소. 2012. 강원도 정선군 임계면 가목리 8-2번지 산림재해 발생지 산지붕괴 유형조사 보고서.

한라시멘트(주). 2007~2018. 석회석광산 개발사업에 따른 동·식물상 모니터링 보고서.

한라시멘트(주). 2010~2018. 라파즈한라시멘트 석회석광산 야생식물이식 현황 보고서.

한라시멘트(주). 2010~2018. 라파즈한라시멘트 석회석광산 하천생태조사 보고서.

한라시멘트(주). 2018. 옥계 석회석광산 개발사업에 따른 사후환경영향조사 결과 통보서,

Cho W. and B.K. Chun. 2015. Restoration of the baekdudaegan mountains in the Republic of Korea. FAO Unasylva 66:64~73.

2) 참고 자료

강영호, 이천용, 배영태, 김찬범. 2011. 산림재해지 복구를 위한 주요 수종의 입지 및 재해 저항 특성 분석. 한국환경복원기술학회지 14(6):1~15.

과학기술부. 1999. 환경복원 및 재생기술(폐광산 복원기술).

국립산림과학원. 2015. 폐광지 및 폐채석장 복원 사례집.

국립산림과학원. 2016. 백두대간 훼손지 산림경관복원 가이드라인.

국립생태원. 2018. 한반도 핵심 생태축 보전 및 복원 기반 연구.

국립생태원. 2019. 생태복원 실무 지침서.

국토해양부. 2009. 도로비탈면 녹화공사의 설계 및 시공 지침. 국토해양부.

김경훈. 2018. 토석 채취 종료지의 친환경 복구 및 활용. 토석 채취 종료지의 친환경적 활용 방안 토론회 자료집:1~44.

김경훈, 김남춘, 남상준, 윤기수. 2002. 유럽지역의 광산복구·복원 사례 연구 -프랑스, 오스트리아의 4개 광산 복구사례를 중심으로- 환경복원녹화기술학회지 5(5):76~84.

김경훈, 성현찬, 최재용, 허영진. 2017. 자생식물을 이용한 식생복원녹화. 넥서스환경디자인연구원 출판부.

김경훈, 성현찬, 최재용, 허영진. 2018. 훼손지 생태복원 -생태복원 실행을 위한 국제표준-. 기문당.

김경훈, 허영진, 박종철. 2015. 자생식물을 이용한 훼손지 녹화 가이드라인 -각종 건설사업에서 자생식물을 이용한 생태적인 녹화-. 한국환경복원기술학회 학술대회발표집:129~130.

김귀곤, 조동길. 2004. 자연환경·생태복원학 원론. 아카데미서적.

김남춘, 박보신, 조민환. 2011. 자연재생. 보문당.

김남춘, 이태욱, 전기성, 허영진, 김경훈. 2018. 생태복원공학 -자연재생과 녹화이론을 중심으로-. 보문당.

김남춘. 2002. 국내 채광·채석지의 훼손지 복구 현황 및 문제점. 환경친화적인 광산개발 및 생태적 복원 모델 수립을 위한 세미나:19~52.

김연미. 2004. 광산 생태복원의 가능성 및 개선방향. 강원 석회석사업 발전전략심포지엄:24~45.

박경선. 2005. 국내 시멘트업계의 환경보전 및 복구사례. 한국양회공업협회. 친환경을 향한 시멘트산업: 34~38.

박소현, 노백호, 전진형, 김남춘, 조수현, 조공길, 김상욱, 차진열. 2016. 생태복원 사업의 계획과 관리. 넥서스환경디자인연구원 출판부.

박재현, 이준우, 박종민. 2010. 채석 완료 후 부지 활용성을 고려한 복구사례 분석. 한국환경복원기술학회지 13(3):152~162.

산림청, 2017. 산림복원 모니터링 기법 및 체계 연구.

산림청. 1992. 채석적지 유형별 표준복구공법 개발.

산림청. 1994. 채석장의 환경영향 평가기준 개발.

산림청. 1998. 사방기술교본.

산림청. 2000. 채광·채석지의 적정복구비용 산정 등에 관한 연구.

산림청. 2001. 백두대간 자연생태계 보전 및 훼손지 복원방안 조사연구.

산림청. 2006. 채석 허가 및 복구 제도 개선 방안.

산림청. 2011. 산림경관 계획·관리 업무편람.

산림청. 2015. 산림생태복원 사례집.

산림청. 2016. 제2차 백두대간보호 기본계획(2016~2025).

산림청. 2017. 산림생태복원 활성화를 위한 제도개선 연구.

산림청. 2017. 주요 산줄기 생태축 복원 활성화를 위한 제도개선 연구.

산림청. 2017. 산림보호지역 체계개선 및 확대방안 마련 연구.

안동만, 김인호, 이재영, 김찬국, 채혜성, 이영, 민소영, 김민우. 2009. 백두대간 대규모 훼손지의 통합적 유형구분을 통한 참여형 복원 시스템 개발 -도입프로그램(생태교육, 생태관광)을 중심으로-. 한국환경복원기술학회지 12(4):11~22.

양재의, 옥용식, 박용하. 2007. 광산 훼손지역의 생태공학적 산림복구 방안. 광해방지기술 1(1):67-75.

우보명. 2000. 훼손지환경녹화공학. 서울대학교출판부.

이동근, 송원경, 전성우, 성현찬, 손동엽. 2007. 백두대간지역의 산림훼손경향 분석. 한국환경복원기술학회지 10(4):41~53.

이준우, 권태호. 2004. 백두대간 훼손지의 복원 방안. 백두대간의 효율적 보호·복원 방안에 관한 심포지엄 :19~57.

이준우, 권태호. 2007. 백두대간의 현실 -백두대간의 훼손실태-. 2007 백두대간심포지엄 자료집 :45~63.

이준우, 김남춘, 남상준, 박종민, 차두송. 2003. 석회석 광산의 식생녹화방법에 관한 고찰 -일본 이부키 광산과 부코우 광산의 사례연구-. 한국환경복원기술학회지 6(6):72~85.

이천용, 최경, 김재현. 2000. 한국의 폐탄광지 복구현황과 자연친화적 복구공법 개발. 폐탄광지의 환경복원녹화기술개발 국제심포지엄 2000:189-215.

이천용. 2000. 석회석 채석 적지 녹화기술 지침. 임업정보 110:15~18.

익산시. 2018. 토석채취복구지 활용방안 최종보고서.

장정근. 2001. 석회석 광산의 생태복원을 위한 복구 방안에 관한 연구 -옥계 석회석광산을 대상으로-. 한양대학교 석사학위논문.

전성우. 2004. 백두대간의 이용현황 및 복원방향을 위한 제안. 백두대간의 효율적 보호·복원 방안에 관한 심포지엄:58~80.

전진형. 2016. 21세기 패러다임의 변화, 지속가능성을 넘어 리질리언스로. 환경과조경 338:112~114.

정규원. 2008. 토석채취지 유형별 복구방안. 산림공학기술 6(3):253~259.

정용호. 2008. 폐광지역 생태적 복구방안. 2008 광해방지심포지엄 자료집:216~224.

조동길, 김상욱, 조수현, 박소현, 노백호, 차진열. 2015. 생태복원: 떠오르는 전문 분야로서의 원칙, 가치 그리고 체계. 넥서스환경디자인연구원 출판부.

조동길. 2011. 생태복원계획·설계론. 넥서스환경디자인연구원 출판부.

한국광해관리공단. 2011. 폐광지역 산림복구지 설계인자 평가 및 선정 개발.

한국광해관리공단. 2011. 폐광지역 산림생태계 복원 기술 개발.

한국광해관리공단. 2013. 폐광지역 산림복구지 사후관리 기술개발.

한국산지보전협회. 2012. 훼손산지복원 전문가 세미나 자료집.

한국산지보전협회. 2013. 산림생태복원 매뉴얼 개발.

한국산지보전협회. 2013. 산림생태복원 유형별 사례집.

한국산지보전협회. 2016. 백두대간 산림생태복원 포럼 자료집.

한국환경정책·평가연구원. 2013. 석산개발지 입지유형별 복구 및 활용방안.

홍행화, 임형탁. 1997. 석회암 지대인 자병산의 식물상 및 보존에 관한 연구. 한국자연보존협회 연구보고서 16:1~19.

환경부, 국립생태원. 2017. 생물서식(대체서식지) 제고를 위한 가이드라인 마련 연구 보고서.

환경부. 2015. 자연환경보전사업 가이드라인 연구 보고서.

환경부. 2016. 제3차 자연환경보전 기본계획(2016~2025).

UNEP. 2014. 제4차 지구생물다양성 전망; 생물다양성 전략계획 2011-2020 이행결과 중간평가.

Allison S.K. 2012. Ecological Restoration and Environmental Change. Routledge.

Balmori D. and Benoit G. 2007. Land and Natural Development(LAND) Code; Guidelines for Sustainable Land Development. John Wiley & Sons, INC.

Clewell A.F. and J. Aronson. 2012. Ecological Restoration; Principles, Values and Structure of an Emerging Profession. Island press.

Helen King. 2013. Introducing an Ecosystem Approach to Quarry Restoration. Natural Capital & Ecosystem Services Final Report.

Hirose T. and Kikkawa J. 2010. The Restoration of Nature in Japan; A Challenge to Ecological Engineering. Tokai University Press.

Jim van Belzen etc. 2017. Disturbance-recovery experiments to assess resilience of ecosystems along a stress gradient.
(https://protocolexchange.researchsquare.com/article/nprot-5757/v1)

Kim K.H. 2015. Development of ecological methods using native species in DMZ Vicinities. Proceedings of international symposium of "Seed treatment and use for ecological restoration on degraded areas near DMZ".

Minnesota Board of Water & Soil Resources. 2015. Native vegetation establishment and enhancement guidelines.

Műller N., Elsner K. and Wittman A. 2014. Der URBIO index-ein Bewertungssy tem zur Nachhaltigkeit von Grunflachen, In; Feit, U&Korn H,(Hrsg):Treffpunkt biologische Viefalt 13. BfN Skripten: S181~190.

Műller, N. and Kamada M. 2011. URBIO ; An introduction to the international network in Urban Biodiversity and Design. Landscape Ecological Engineering 7:1~8.

Society for Ecological Restoration. 2016. International Standards for the Practice of Ecological Restoration –Including Principles and Key Concepts-. Standards Reference Group.

Society for Ecological Restoration Australasia. 2017. National standards for the practice of ecological restoration in Australia.

Stanturf, J.A., Palik B.J., Williams M.I., Dumroese R.K., and Madsen P. 2014. Forest Restoration Paradigms. Journal of Sustainable Forestry 33:sup1, S161~S194.

World Business Council for Sustainable Development. 2011. Guidelines on Quarry Rehabilitation.

석회석광산의 생태적 복원

부록

1) 옥계 석회석광산 복원설계 가이드라인

(1) 일반 사항

본 가이드라인은 한라시멘트 석회석광산의 산림복원을 위한 설계 및 시공에 적용한다.

본 가이드라인은 2019년부터 적용하며, 필요시 별도의 절차를 통하여 개정한다.

(2) 기본 개념 및 원칙

▶ 기본 개념

- **"산림복원"이란 자연적·인위적으로 훼손된 산림의 생태계 및 생물다양성이 원래의 상태에 가깝게 유지·증진될 수 있도록 그 구조와 기능을 회복시키는 것을 말한다(「산림자원 조성 및 관리에 관한 법률」 제2조 제10호 신설).**
  - 산림복원은 "훼손된 산림의 지형 및 식생복원을 통하여 생물다양성 증진, 재해방지기능 개선, 산림경관 개선 등을 포함하는 포괄적인 산림생태계의 건강성을 증진시키는 것"에 목표를 두고 있다.
  - 복원은 "원래의 상태로 되돌리기 위한 일련의 과정"에 중점을 두고 있다.
  - 산림복원의 이상적 의미는 "훼손되기 이전의 원래의 상태로 회복시키는 것"이지만, 현실적으로는 "훼손되기 이전으로 되돌아갈 수 있도록 방향을 잡아주고, 자연의 회복력에 의하여 복원이 될 수 있도록 도와주는 것"으로 볼 수 있다.

※참고 : 복구와 관련된 내용은 「사방사업법」에 명시된 내용을 참조하도록 한다[10].

---

10)「사방사업법」 [시행 2018. 11. 29.] [법률 제15080호, 2017. 11. 28., 타법개정]" 제2조(정의)

1. "황폐지"란 자연적 또는 인위적인 원인으로 산지(그 밖의 토지를 포함한다)가 붕괴되거나 토석·나무 등의 유출 또는 모래의 날림 등이 발생하는 지역으로서 국토의 보전, 재해의 방지, 경관의 조성 또는 수원(水源)의 함양(涵養)을 위하여 복구공사가 필요한 지역을 말한다.
2. "사방사업"이란 황폐지를 복구하거나 산지의 붕괴, 토석·나무 등의 유출 또는 모래의 날림 등을 방지 또는 예방하기 위하여 공작물을 설치하거나 식물을 파종·식재하는 사업 또는 이에 부수되는 경관의 조성이나 수원의 함양을 위한 사업을 말한다.

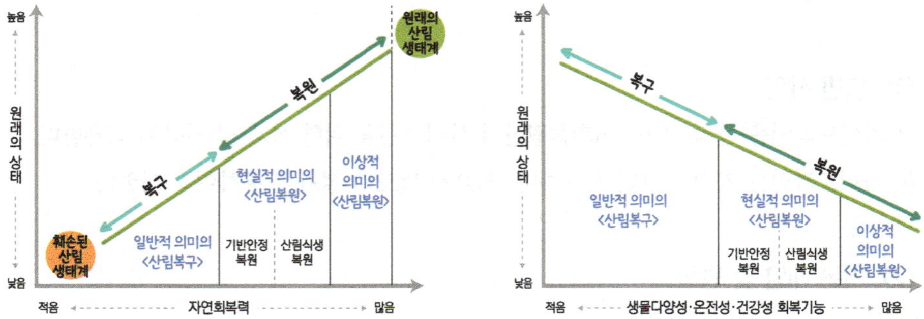

[그림 1] 기존의 복원과 복구의 개념 차이

※자료: 산림청. 2009. 산림복원 업무처리 지침

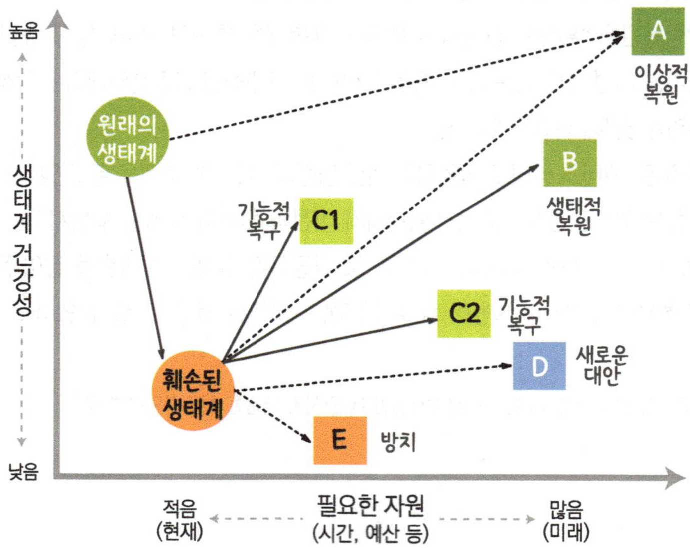

A : 원상태 또는 더 나은 방향으로 회복시키는 것
B : 원상태와 유사하게 회복시키는 것(생태적인 복원사업에 해당)
C : 훼손을 막기위해 기능을 개선시키는 것(기능적인 복구사업에 해당)
D : 새로운 대안 생태계를 조성하는 것
E : 별도의 조치를 하지 않고 방치하는 것

[그림 2] 새로운 산림복원의 개념

▶ 기본 원칙

- **기본 계획은 매 5년마다 갱신하며, 시험시공 및 모니터링을 통하여 최적의 방법을 도출한다.**
  - 현 채광지역의 많은 부분은 백두대간보호지역 내의 핵심구역과 완충구역에 속하므로 그 중요성을 고려하여 적용한다.
  - 계획은 산림내 생물이 생태적으로 보호되고, 산림생물다양성이 유지될 수 있도록 한다.

- **복원계획은 단기와 중장기계획으로 구분하여 수립하며, 모든 계획은 광산의 채광계획과 연계되도록 한다.**
  - 설계 및 시공은 산림청 "복구설계서 승인기준" 및 "사방사업 설계·시공 세부기준"에 부합되도록 한다.
  - 5년 단위로 갱신하는 기본계획을 토대로 현장 적용을 위한 실시설계를 단계별로 실시한다.
  - 설계 및 시공은 전문가가 수행하며, 외부 자문 및 적격자의 감리를 받아야 한다.

- **자생식물 및 자연재료를 사용하도록 한다.**
  - 복원대상지에 적용이 가능한 자생식물 및 자연재료를 선별적으로 사용하도록 하며, 식물 및 재료는 사전에 필요한 양을 확보하도록 한다.

- **모니터링 및 유지관리를 주기적으로 실시한다.**
  - 모니터링 및 유지관리를 수행한 결과가 유기적으로 연계되도록 한다.

※ 참고 : 산림복원 관련 업무 수행시 산림청의 "산림복원 기본 원칙[11)]"을 준용하도록 한다.

---

11) 산림복원 기본 원칙
「산림자원의 조성 및 관리에 관한 법률」 [시행 2019. 1. 8.]
[법률 제16198호, 2019. 1. 8., 일부개정]" 제 42조의2(산림복원의 기본원칙)
1. 산림생태계가 모든 국민의 자산으로서 공익에 적합하게 보전·관리되고 지속가능한 이용이 이루어지도록 한다.
2. 산림내 생물이 생태적으로 보호되고 산림생물다양성이 유지·증진될 수 있도록 한다.
3. 산림내 서식공간 및 기능이 확보되도록 지형·입지에 적합한 자생식물·자연재료를 사용하여 식생을 복원한다.
4. 산림내 생태계 균형이 파괴되거나 그 가치가 저하되지 않도록 한다.
5. 산림복원 시 계획, 모니터링, 평가의 유기적 연계를 강화한다.

(3) 산림복원 추진 절차

▶ 단계별 추진

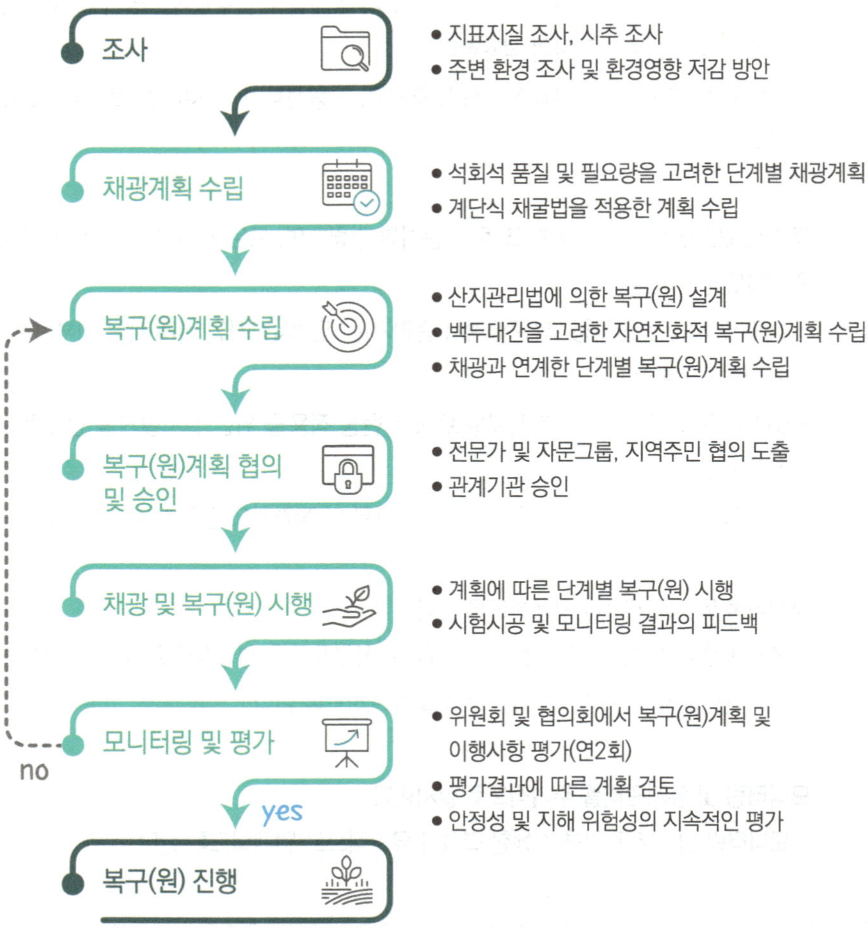

[그림 3] 산림복원 업무 추진 절차

(4) 세부 내용

▶ 계획 수립시 고려사항

- **지역별 접근**
  - 광산은 3개 지역으로 구분하여 각 지역의 특성에 맞는 최적의 복원계획을 수립하고 적용한다.

- 백두대간인접지역 : 생태계의 구조, 기능, 지형을 주변과 조화되도록 하며, 원식생과 유사한 산림복원을 위한 생육기반을 조성하며, 상부에서부터 하부로 순차적으로 식생복원이 이루어지도록 한다.
- 중앙지역 : 불가피한 지형의 변화를 최소로 하며, 폐석 성토지와 잔벽면이 조화를 이루면서 원생태계의 기능을 수행할 수 있는 산림으로 복원한다.
- 채광완료지역 : 원지형과 유사하게 지형을 복원하고, 조기녹화 및 대체식생을 조성한다.

- **안정성 확보**
  - 복원 및 식재방법의 선정에서 태풍, 지진, 집중강우 등에 의한 재해발생으로 야기될 수 있는 피해를 최소화하기 위한 방향에서 접근하며 이를 위하여 지형을 안정화한다.

- **유역 단위의 계획**
  - 전체지역을 위치, 고도, 방위 등을 고려하여 각 영역별로 차별적인 복원목표 및 방향을 설정한다.
  - 특히 유역단위의 채광 및 복원계획으로 개발 이전의 지형과 주변 지형을 고려하여 능선부과 계곡부를 연결시키도록 하며, 주변과 자연스럽게 조화가 되도록 한다.

- **폐석의 분산배치를 통한 지형 조성**
  - 현지 채광 중에 발생하는 폐석, 폐토 및 폐목 등은 최대한 현지 복원에 재투입되도록 한다. 폐석은 한곳에 집중하지 않고 광산 전체 지역에 고르게 분산배치 함으로써 안정성을 확보하고 지형을 자연스럽게 조성한다.
  - 개발예정지역에서 얻을 수 있는 표토는 지형조성과 식생복원에 매우 중요한 자원으로써, 수목의 성장과 산림식생의 정착을 활발하게 하여 복원의 목표달성에 유리한 조건을 조성해 준다.

- **개발과 동시에 생태적인 복원 수행**
  - 개발이 종료됨과 동시에 복원이 이행되도록 하며, 경관을 고려하여 상부에서부터 하부로 복원이 이루어지도록 하여 복원공사가 완료되기 까지 순차적으로 숲이 조성될 수 있도록 한다. 따라서 시간이 경과되면서 천이과정으로 거쳐서 현장에 부합하는 식생이 안정화되어 가는 것을 목표로 한다.

- 복원에 사용되는 식물들은 유사한 입지나 동일 생태조건을 최대한 충족시키는 지역에서 구한 것을 사용함을 원칙으로 한다. 이를 위하여 개발예정지 및 주변에서 채취 가능한 종들을 확보하며, 확보된 자원은 파종이나 삽목, 식재 등의 방법을 이용하여 대상지 및 주변지역의 복원에 활용한다.

- **산림경관 개선**
  - 복원계획은 채광지가 가졌던 과거 산림의 고유 기능, 즉 산림의 생태적 순환기능(무기적, 유기적 기능)을 복원하며 동시에 지형을 포함한 경관적 복원에도 그 주안점을 두고 있다.
  - 따라서 주변에 있는 산림식생 분포를 기준으로 하여 산림지와 복원지역이 자연스럽게 연결이 되도록 다양성과 조화성을 중점적으로 검토한다.

- **순응적 관리**
  - 식생복원 과정은 다양한 내적·외적 환경요소에 영향을 받기 때문에 예상되는 미래의 변화를 고려하여 단계적으로 시행되도록 하며, 도입 후 순응적 관리를 통하여 생태숲 조성 목표를 달성하도록 한다.

- **서식지 복원**
  - 광산 주변에 생육하였거나 생육할 수 있는 야생동물의 서식지 복원을 고려하도록 한다.
  - 광산 주변의 희귀식물이나 보호 가치가 있는 식물종은 개체를 보호하고 관리할 수 있는 계획을 수립한다.

▶ 지형복원

- **적용 기준**
  - 가급적 훼손되기 이전의 원지형과 유사하게 복원하도록 하며, 산지관리법의 "복구설계서 승인기준"을 준수하도록 한다.
  - 지형복원에는 광산 개발 중에 발생된 폐석 등을 최대한 활용한다. 광산 내에서 발생하는 폐석의 양을 파악하고, 이들 폐석이 단계별로 어느 곳으로 이동하고 적치되는지에 대한 계획을 검토한다.

- **잔벽면**
  - 노출된 비탈면 조성은 "복구설계서 승인기준"을 준수하도록 한다. 비탈면의 각도

는 75도 이하로 하며, 비탈면 평균 경사는 50도 이하로 한다.
- 비탈면 높이 7.5m 이하 간격으로 너비 5m의 소단을 설치하며, 총 60m 높이 마다 10m 이상의 넓은 소단을 조성한다. 소단은 작업을 고려하여 가급적 5m 폭이 확보되도록 하며, 충분한 두께로 복토를 실시한다.

- **성토부지**
  - 폐석을 쌓아서 1:1.8보다 완만하게 비탈면을 조성하여 원지형 및 잔벽면의 외부 노출면적을 최소화한다. 이때에는 높이 15m마다 5m의 소단을 조성하며, 중간에 작은 소단을 조성한다. 또한 높이 60m마다 10m 이상의 넓은 소단을 조성한다.
  - 성토작업 시에는 성토지반의 안정성 확보가 중요한 요소로서, 우수가 성토한 곳의 내부로 투수되어 토양내부에 수평 및 수직으로 물의 통로가 형성되면서 지반이 국부적으로 붕괴, 침하되는 현상을 방지하도록 투수를 최소화하는 방안이 마련되어야 한다.

- **비성토부지**
  - 원지반의 상태 및 배수를 고려하여 해당지역의 특성에 맞게 적절하게 토양층을 조성한다.
  - 식재 공간의 복토는 식물 생육에 적합한 두께로 실시한다.

▶ 수계복원

- **계획 수립**
  - 수리수문 분석은 100년 확률강우빈도를 기준으로 계획한다(필요시 200년 빈도 검토).
  - 개발되기 이전의 원 수계와 연결이 되도록 하며, 인위적인 형태가 아니라 자연스러운 형태로 조성되도록 한다.

- **배수 및 토사유출 방지**
  - 집중강우에 의해 수계가 변형되거나, 침식이 발생하지 않도록 한다.
  - 복원지에서 배수시설을 설치하여 표면수가 분산되도록 설계한다.
  - 토사유출을 방지하기 위하여 침사지를 조성한다.

- **사방 시설**
  - 수로에 사용하는 재료는 가급적 돌을 사용하도록 하며, 필요에 따라서 찰쌓기를 적용한다.

- 적용지역의 특성에 따라서 마대, 떼 수로를 설치할 수 있다.
- 계류의 안정성을 확보하기 위해서는 적절한 단계적 사방공법을 적용한다.

▶ 토양복원

- **복원 목표**
  - 최대의 노력과 적정한 비용의 투입으로 산림복원 및 자연회복 기간을 앞당기는 방향으로 토양환경을 조성한다.
  - 토양은 식물 생육에 적합하도록 복원하며, 이때 양적 지표와 질적 지표 두 가지를 모두 만족하도록 한다.

- **토양 특성**
  - 토양구조는 식물이 쉽게 토양내부로 뿌리를 내릴 수 있도록 조성하며, 토양 내에 수분함유능력을 높이고, 배수가 용이하도록 조성한다.
  - 토양내의 수분이 충분히 투과되어 불투수층이 형성되지 않고, 점착력이 상실되지 않도록 충분한 투수성을 보장한다.
  - 다양한 유형의 토사유출 및 붕괴에 대한 저항성(바람, 물, 내부, 외부의 토사유출 등)을 가지는 토양특성을 갖도록 한다.
  - 이 지역은 토양 산도(pH)가 알칼리성을 나타내고 있으므로 식물 생육을 고려하여 적절한 수준으로 토양 산도를 중화할 수 있는 방법을 검토한다.

- **표토 활용**
  - 복원에 사용하는 토양에는 현지의 표토를 최대한 활용한다. 표토는 매토종자와 그 지역의 환경조건에 적합한 토양 미세환경이 조성되어 있는 중요한 재료이므로 광산 부지에서 최대의 양을 수거하여 활용하도록 하며, 필요시 광산 외부지역에서 확보하는 방안을 검토한다.
  - 표토활용 계획은 채광계획과 같이 검토하며 복원 시기에 맞추어 순차적으로 외부토양 반입계획을 수립하도록 한다.
  - 수거된 표토는 물리적, 화학적 최적상태를 유지하기 위하여 임시적치가 불가피한 경우를 제외하고는 발생 직후 현장에 투입하는 것을 원칙으로 한다. 그러나 임시 적치를 하는데 있어서 표토를 3개월 이내에 사용하지 않을 경우 적치장 외부 표면을 녹화하도록 한다.
  - 토양내 매토종자를 활용하고자 하는 경우 토양내에 함유되어 있는 종자원에 대한 사전 시험(종류, 양 및 활력도 등)을 거쳐서 최종 복원계획에 반영하도록 한다.

- **현장 시공**
  - 복원을 위한 토양이 부족할 경우에는 석분 등을 이용하여 현지에 적용할 토양을 준비한다. 이때 재활용자원(입목칩 등)을 최대한 활용하도록 하며, 토양개량을 위하여 유기질퇴비(부숙퇴비 등)를 혼합하여 사용할 수 있다.
  - 복원된 토양은 식물이 취할 수 있는 충분한 양분을 포함하고, 토양산도를 완화시킬 수 있는 완충력이 높은 토양으로 조성하며, 재료는 친환경적인 소재를 사용한다.
  - 토양 표층부 안정화 방법으로 임목칩, 네트 등을 멀칭하는 방법을 적용할 수 있다.
  - 토양 복토 두께는 최소 60㎝를 넘도록 하며, 필요한 곳에서는 복토두께를 상향조정 한다. 소단의 경우 복토두께는 1m 이상이 되도록 한다.

▶ 식생복원

- **복원 목표**
  - 식생의 도입은 지형별 환경특성에 맞는 식생 및 식재방법을 선정하며, 동시에 각 복원지역에 설정된 목표를 달성하기 위해 입지의 환경을 목표식생이 적합하게 살아갈 수 있도록 최적으로 조성하여 생육을 도모한다.
  - 식생복원이 지향하는 최종 목표는 훼손 이전 자연 상태의 원식생으로서 다층구조 산림을 재현하는 것이다.
  - 또한 기후변화를 고려하여 탄소저감능력을 높이기 위하여 교목층, 아교목층, 관목층, 초본층의 4개 층위를 갖는 다층구조의 숲을 조성하도록 하며, 적용하는 수종은 탄소흡수 및 저장능력이 뛰어난 식물을 위주로 선정한다.

- **적용 식물**
  - 석회석 지역임을 감안하여 호석회식물을 최대한 활용하도록 한다.
  - 복원을 위한 식생 선정은 임상과 토질을 고려하도록 하며, 복원대상지와 환경조건(해발고, 경사, 방위 등)이 유사한 지역의 식생을 참조생태계로 활용한다.
  - 복원에 적용하는 식물은 초기 정착 및 안정화 단계 등의 천이과정을 고려하며, 식생복원시 생태적, 경관적 다양성을 높이기 위하여 다양한 식물을 사용하도록 한다.
  - 식생복원에 사용하는 식물은 경관 및 생태적인 측면을 고려하여 원 지역 및 인근에 서식하는 식물 위주로 선정한다.
  - 식생복원에는 가급적 복원대상지 인근에서 사전에 확보한 현지 식물자원을 이용하도록 하며, 이때 자생식물을 사용하는 것을 원칙으로 한다.
  - 필요시 복원용 식물을 외부에서 반입하는 경우 해당 식물의 현장 적용 타당성에 대한 전문가의 확인을 거쳐서 사용하도록 한다.

- 적용 방법
  - 식생복원에는 현장에 맞는 최적의 방법을 선정하여 적용한다.
  - 식물은 다양한 형태(묘목, 종자, 매토종자, 근주, 삽수 등)를 활용하며, 묘목의 경우 가급적 용기묘를 사용하도록 한다.
  - 식재방법은 복원목표에 따라서 단일수종 식재와 혼식의 방법을 사용할 수 있으며, 식재 기준은 4,000본/ha 내외로 적용한다.
  - 종자를 파종할 경우 복원 목표에 따라서 식물 종류 및 파종 방법(혼파, 점파, 조파, 기계파종 등)을 결정한다.
  - 잔벽면이 노출되는 곳은 소단부 차폐식재를 위주로 적용하며, 성토를 하는 지역은 다층구조의 숲이 조성될 수 있도록 한다.
  - 바람이 많이 부는 곳은 방풍책 등을 설치하여 미기후를 개선한다.
  - 외부에서 확보한 식물종은 복원 대상지에 적용할 경우 필요시 현장에서 일정 단계의 현장 적응과정을 거치도록 한다.
  - 식생유도 방법으로 매토종자를 활용하거나, 매토종자가 포함된 식생블럭 등을 활용할 수 있다.

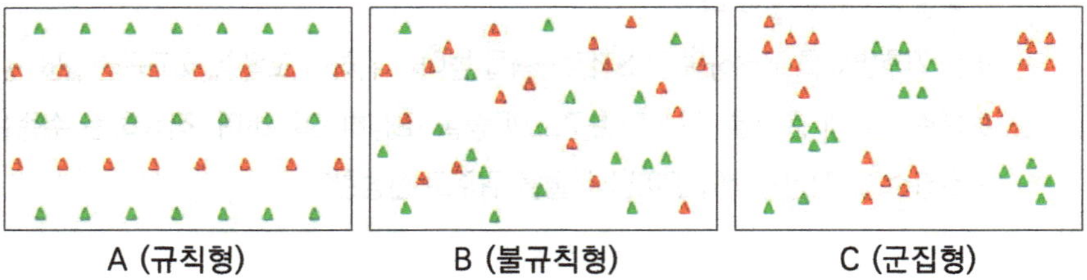

[그림 4] 다양한 형태의 식재 설계 예시

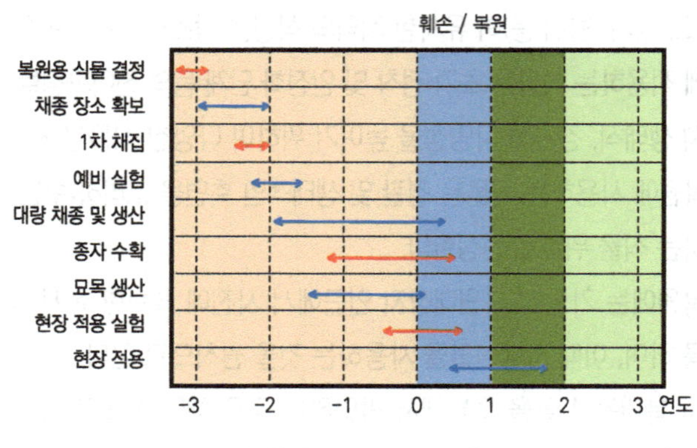

[그림 5] 산림복원용 자생식물의 준비과정 예시

▶ 경관복원

- **경관 계획**
  - 경관분석을 위하여 사업지구 및 주변 산림지역에 대하여 사업시행과 산림복원에 따른 경관영향을 검토하도록 한다.

- **저감 방안**
  - 사업지구 주변 취락지 및 주요시설(IC, 주변도로 등)과 같은 주요 조망점에서 사업시행에 따른 경관영향을 검토하고, 이를 통하여 경관영향 저감방안을 수립하도록 한다.
  - 경관은 광산 내부의 채석장과 외부의 산지경관으로 구분할 수 있으며, 광산개발에 따른 경관이 주변과 자연스럽게 조화가 되도록 계획한다. 이때 생태적 건강성, 경관성, 민감도, 방해요소 등의 항목으로 평가를 실시하며, 평가 결과에 따라 저감방안을 수립하고 시행한다.
  - 경관영향 저감방안 수립에서는 지형과 식생을 동시에 고려하도록 하며, 외부에서 시각적으로 노출되는 곳은 최대한 차폐하도록 하며, 차폐가 어려울 경우 다른 곳으로 시선을 유도할 수 있도록 한다.

▶ 서식지 복원

- **복원 목표**
  - 산림 내 서식공간 및 생태적 기능이 확보될 수 있도록 한다.
  - 복원대상지는 식물뿐만 아니라 동물의 서식지가 될 수 있도록 한다.

- **적용 방법**
  - 현재 자연적으로 조성되어 있는 상부의 습지는 동식물의 서식공간이 될 수 있도록 개선하고 유지한다.
  - 광산지역은 상부에 잔벽면이 횡방향으로 길게 노출되기 때문에 야생동물의 이동이 제한될 수 있으므로, 일정 구간에 생태이동통로를 조성하도록 한다.
  - 인공구조물 등에 의해 동물의 이동이 제한을 받지 않도록 한다.
  - 광산 개발에 의하여 영향을 받을 수 있는 야생동물을 고려하여 주변에 야생동물이 서식할 수 있는 둥지 등을 조성한다.
  - 야생동물 서식지 및 개체수 보전을 위하여 필요시 먹이를 제공하도록 한다(먹이급이대 설치).
  - 인근지역에는 무인카메라를 설치하여 계절별 지속적인 모니터링 수행하도록 한다.

▶ 모니터링

- **모니터링 목표**
  - 모니터링은 대상지의 복원목표에 따라 복원과정이 제대로 진행되는지의 여부 및 복원의 효과를 검증하기 위하여 실시한다.
  - 지형, 토양 등 기반환경의 안정화 과정 검토와 식생활착, 동식물상 변화 등 생태환경 변화를 파악하여 복원사업의 기초자료로 활용하고 유지관리 방안을 제시하는데 활용한다.

- **시행 방법**
  - 산림복원 계획 작성시에 모니터링 수행 방법을 미리 결정하여 복원 시공 전·중·후에 실시하도록 한다.
  - 준공 후 최초 3년간은 매년 시행하고, 그 이후는 준공 후 5년, 10년, 20년 주기로 시행하도록 하며, 산림복원이 완료될 때 까지 지속적으로 실시한다.
  - 모니터링은 산림복원 목표 및 적용 식생의 생육 상태를 파악하여 방법론을 차별적으로 적용한다.
  - 모니터링은 기반환경 및 서식지, 생물종, 복원공법, 복원재료 및 시설, 경관 등의 항목으로 실시한다.
  - 구조적 안정을 위하여 필요시 계측기를 설치하고 변화상을 모니터링 한다.
  - 모니터링 결과는 문서로 남겨서 보관하도록 한다.

▶ 유지관리

- **관리 목표**
  - 생물다양성이 유지·증진될 수 있는 범위 내에서 산림복원 목표를 달성할 수 있도록 관리한다.
  - 복원지는 자연의 힘에 의해 스스로 회복이 될 수 있도록 도와주며, 필요시 인위적인 관리를 실시한다.
  - 유지관리는 목표로 하는 식생군락을 조성하기 위한 육성관리 단계와 일정 수준에 도달한 이후에 수행하는 유지관리 단계로 구분할 수 있다.

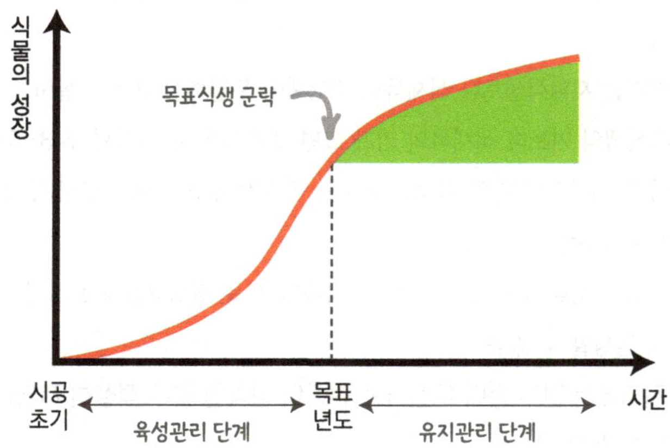

[그림 6] 유지관리 단계의 개념

관리는 모니터링 및 평가를 통하여 다음과 같은 3가지 기준에 따라 최적의 방법을 적용한다.

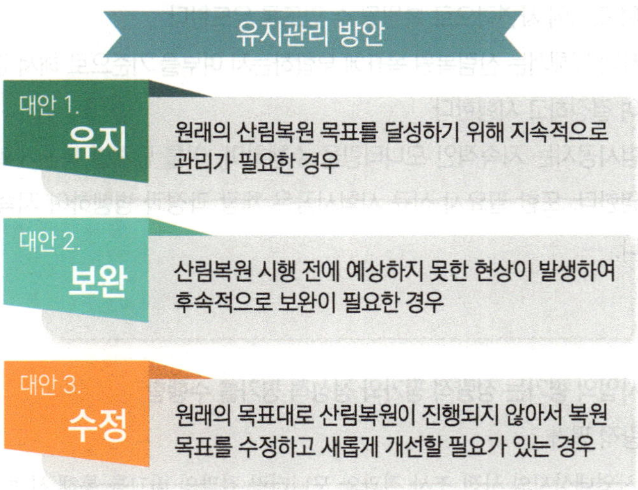

[그림 7] 유지관리 방안

- 시행 방법
  - 유지관리는 기존 복원지와 신규 복원지로 구분하며, 신규 복원지의 경우 시공 후 5년까지 초기단계의 관리를 시행한다.
  - 유지관리는 연 2회를 실시하며, 시비, 제초 등의 방법을 적용한다. 이 때 유지관리 방법(시비량, 시기 등)을 사전에 명확하게 수립하도록 한다.
    - » 식재 후 풀베기 작업은 지피식생이 식재목과 경쟁을 하는 경우에 실시

» 필요한 경우 주기적으로 풀베기, 덩굴제거 등의 작업을 통하여 목적 외의 식물을 제거

» 풀베기는 지피식생보다 식재목의 경쟁력이 우월해질 때까지 실시

» 지피식생의 키보다 식재목의 키가 크면 풀베기를 완료(식재 후 3~5년 정도)

» 다양한 식물종의 자연 경쟁을 유도할 필요가 있을 때에는 풀베기 등의 관리를 시행하지 않을 수 있음

» 잡초의 발생을 억제하고, 도입한 식물의 생육 경쟁력을 확보하기 위하여 임목칩 등을 멀칭할 수 있음

- 복원 지역에서 일부 종이 우점하는 현상이 심각할 경우 적절히 제거하여 종다양성이 높도록 개선한다.

  » 일부 종이 우점하는 경우 솎아베기 등을 통해서 수목의 생육밀도 조절을 할 수 있음

- 생장이 불량할 경우에는 시비 등을 통해 활력도를 높이도록 한다. 토양 비옥도와 식물의 생장상태를 고려하여 양분공급이 필요한 경우에는 산림용 복합비료를 시비하여 조기에 자연력으로 복원될 수 있도록 유도한다.
- 하자에 대해서는 산림복원 목표에 부합하는지 여부를 기준으로 해서 감독자와 상의하여 결정하고 시행한다.
- 시험시공지는 지속적인 모니터링을 수행하며, 이를 단계별 복원계획 수립과정에 반영한다. 또한 필요시 신규 시험시공은 채광 과정과 병행하여 지속적으로 실시한다.

▶ 평가

- **복원사업의 평가는 정량적 평가와 정성적 평가를 수행함**
  - 정량적 평가
    - » 사업대상지의 사전 조사 결과와 모니터링 결과의 비교를 통해 사업 전 대비 복원 정도 및 평가항목별 시간적 변화 양상을 파악해 상태의 개선 여부를 확인할 수 있음
    - » 정량적 평가방법은 사업 전후 모니터링 결과의 차이를 평가하는 방법에 따름
  - 정성적 평가
    - » 지역의 특성을 잘 이해할 수 있는 거버넌스 체계 및 전문가 집단 등의 평가 주체를 통하여 시행함
    - » 정량적으로 도출하지 못한 문제점, 개선사항, 만족도 등의 의견을 도출하는 방법

- 복원사업 시행 후 단계적 평가
  - (단기) 계획된 복원목표의 달성정도 평가
    - » 중요 생물종 등 목표종의 서식 여부
    - » 도입된 식물의 정착 및 천이 여부 : 도입식물의 생장률, 생존율 등
    - » 생물다양성 증진 여부, 수목의 활력상태, 지형 토양의 안전성 등
  - (장기) 생태적 관점에서 복원의 효과성 평가
    - » 산림생태계의 지속성, 침입저항성, 생산성, 순환성, 다양성 등 5가지 기능에 의해 성공 여부를 판단

▶ 시험시공

- 시험 개요
  - 현장 적용을 하기 전에 현장 적응성, 여건 등을 파악하기 위하여 시험시공을 실시한다.
  - 시험시공을 통하여 도출된 최적의 결과를 식생복원 계획에 적절히 반영하도록 한다.

- 전문가의 참여
  - 시험시공은 전문기관과 협력하여 전문가가 시행하도록 한다.

▶ 식물자원 관리

- 식물활용 계획
  - 본 사업 시행으로 인한 식물상 영향을 최소화하기 위하여 사업지구 인근에서 조사된 보호종 및 자생종을 석회석 광산 복원지 및 주변지역에 종복원을 위해 이식장을 설치하고 식물종을 이식·증식·관리한다(야생식물이식장, 식물복원센터).
  - 이들 식물은 지역 산림의 고유 식물종으로 전시 및 교육의 기회가 되도록 하며, 대량 증식된 개체는 향후 채광지역의 식생복원에 활용할 수 있도록 한다.

- 식물 적용
  - 복원을 위하여 많은 양이 필요한 식물은 외부에 위탁 계약하여 재배한다.
  - 복원을 위한 식물종자는 사전에 미리 채종하여 보관하며, 필요시 이를 식물 증식이나 복원에 사용하도록 한다.
  - 외부에서 식물을 반입할 경우에는 지역에 접합한 식물인지 사전에 분석하고 적용하도록 한다.

(5) 기타

▶ 모니터링위원회

- 모니터링위원회를 운영한다.
- 모니터링위원회는 "환경영향평가 협의내용 및 복원계획의 적정이행 여부에 대한 객관적이고 공정한 관리"를 위하여 전문가, 시민단체, 지역주민, 정부기관(동부지방산림청/원주지방환경청/강릉시)으로 구성되어 있다.
- 모니터링위원회는 연 2회(또는 1회) 개최하며, 환경영향평가 협의 내용 및 광산복원과 관련된 사항을 위원회에 보고하고 자문을 받도록 한다.

▶ 산림복구협의회

- 산림복구협의회를 운영한다.
- 산림복구협의회는 "광산복구계획의 적정이행 여부에 대한 객관적이고 공정한 관리"를 위하여 기관별 전문가(산림공학회/산지보전협회/사방협회/산림기술사회)로 구성되어 있다.
- 산림복구협의회는 연 2회 개최하며, 광산복구와 관련된 사항을 협의회에 보고하고 자문을 받도록 한다.

▶ 기타 사항

- 필요한 분야의 자문회의를 수행한다.
- 광산 복원과 관련하여 다양한 분야의 자문을 받아 복원계획에 반영하고, 이를 수행하도록 한다.
- 지역과 상생하는 방안을 수립하고 시행한다.
- Eco백두대간 2+ 운동 등을 통하여 생태숲 조성 및 숲 가꾸기 운동, 생태환경 체험교육 등을 실시하도록 한다.
- 광산의 복원 및 자연 보전과 관련한 과정에 다양한 분야에서 참여를 확대하도록 하고, 지역과 상생의 길을 모색하도록 한다.
- 광산 복원과 관련하여 필요한 자료는 정리하여 보관하며, 그 결과가 차기 사업에 반영될 수 있도록 한다.

석회석광산의 생태적 복원

백두대간에 인접한 광산의 생태복원을 시작하는 20년간의 기록

1판 1쇄 인쇄 2019년 11월 15일
1판 1쇄 발행 2019년 11월 15일

저자 김경훈, 김학성, 조인환, 조준호

발행인 조동길
편집디자인 김보라

발행처 넥서스환경디자인연구원(주)
출판신고 2007년 2월 21일 (신고번호 제22-3086호)
주소 경기도 의왕시 이미로 40 인덕원 IT밸리 B903 (우)16006
전화 031-424-2930 | 팩스 031-421-2931
홈페이지 www.nexusdesign.co.kr
이메일 nexus@nexusdesign.co.kr
값 25,000원

ISBN 979-11-87571-06-3